# Opto-kalorisches Schalten zur Sortierung fluoreszenzmarkierter Partikel in Mikrofluidiken

# Opto-caloric Switching for Sorting of Fluorescent Labeled Particles in Microfluidics

Von der Fakultät für Maschinenwesen
der Rheinisch-Westfälischen Technischen Hochschule Aachen
zur Erlangung des akademischen Grades eines
Doktors der Ingenieurwissenschaften
genehmigte Dissertation

vorgelegt von

Georg Richard Hannes Meineke



**Berichter:**

Universitätsprofessor Dr. rer. nat. Peter Loosen
Universitätsprofessor Dr. rer. nat. habil. Johann Michael Köhler

Tag der mündlichen Prüfung: 26. November 2021

ERGEBNISSE AUS DER LASERTECHNIK

**Georg Meineke**

# Opto-kalorisches Schalten zur Sortierung fluoreszenzmarkierter Partikel in Mikrofluidiken

**Bibliografische Information der Deutschen Nationalbibliothek**
Die Deutsche Nationalbibliothek verzeichnet diese Publikation in der Deutschen Nationalbibliografie; detaillierte bibliografische Daten sind im Internet über https://portal.dnb.de abrufbar.

Georg Meineke:

Opto-kalorisches Schalten zur Sortierung fluoreszenzmarkierter Partikel in Mikrofluidiken

1. Auflage, 2022

Gedruckt auf holz- und säurefreiem Papier, 100% chlorfrei gebleicht.

Apprimus Verlag, Aachen, 2022
Wissenschaftsverlag des Instituts für Industriekommunikation und Fachmedien
an der RWTH Aachen
Steinbachstr. 25, 52074 Aachen
Internet: www.apprimus-verlag.de, E-Mail: info@apprimus-verlag.de

Druck: CPI Druckdienstleistungen GmbH, Ferdinand-Jühlke-Straße 7 I 99095 Erfurt

ISBN 978-3-98555-109-5

D 82 (Diss. RWTH Aachen University, 2021)

# Inhaltsverzeichnis

# Kurzfassung

Mikrofluidiken gelangen vermehrt in alltägliche Anwendungen in der Humandiagnostik, wie z.B. Schnelltests auf Schwangerschaft oder die Messung von Blutzucker-Werten. Die zu den Mikrofluidiken zählenden mikrofluidischen fluoreszenz-aktivierten Zellsortierer (µFACS, engl. *fluorescence activated cell sorter*) durchmustern und sortieren Zellen in Suspension auf Einzelzellbasis. Anwendung finden diese z.B. in der oben genannten klinischen Diagnostik, der Lebensmittelüberwachung und der biotechnologischen Forschung. Für eine breite Anwendung von µFACS fehlen bisher kompakte, robuste und kostengünstige Systeme. Der in dieser Arbeit untersuchte opto-kalorische Schalter kann durch den monolithisch aufgebauten Chip und die optischen Schnittstellen hierzu einen Beitrag leisten.

Das Wirkprinzip basiert auf der lokalen optischen Erwärmung des Fluids und der damit verbundenen Expansion und Viskositätserniedrigung. Durch die Gestaltung des mikrofluidischen Kanalsystems und insbesondere des geheizten Kanalabschnitts bewirken diese Änderungen lokal eine Volumenstromerhöhung, welche flussabwärts an einer Y-Verzweigung den zu schaltenden Analytstrom von einem Ausgang zum anderen verschiebt.

In dieser Arbeit wird das auf diese Weise erzielte Schalten mit den in Wissenschaft und Technik etablierten Verfahren untersucht und verglichen. Eine Systematik wird erarbeitet, um den Schaltvorgang zu beschreiben und Zusammenhänge zwischen Widerstandsänderungen, den das System beschreibenden Teilvolumenströmen und der Schaltamplitude herzustellen. Die für die Anwendung wichtige Größe der maximal schaltbaren Analytstromrate wird abgeleitet. Zwei Wirkmechanismen, die thermische Expansion und die gesteuerte Viskosität, werden analysiert und auf ihre zeitlichen Eigenschaften beim Schaltvorgang hin untersucht. Die minimal zu erreichende Schaltzeit wird hierbei auf die Größen der Wärmekapazität des Fluids, der Massenträgheit und der Reibung des Fluids im Kanal, des Volumenaustauschs und der Wärmeleitung im Fluid und Chipmaterial zurückgeführt.

Für die experimentelle Untersuchung des Schalters werden Methoden entwickelt, welche das Schalten und das Sortieren getrennt charakterisieren, um diese mit den theoretischen Überlegungen abzugleichen. Der Schaltvorgang wird durch die maximale Schaltamplitude und die Schaltzeiten beschrieben und in zwei Arbeitsbereiche, den laminaren und den turbulenten Schaltverlauf, eingeteilt. Der Sortierprozess wird auf Einzelereignisbasis untersucht und mit statistischen Methoden werden die Sortierrichtigkeit und Sortiersicherheit ermittelt.

Die experimentelle Untersuchung ergibt, dass der laminare Schaltverlauf ab ca. 400 - 500 mW Heizleistung in den turbulenten Schaltverlauf übergeht. Maximale schaltbare Analytstromraten von bis zu 17 µl/min und Einschaltzeiten von unter 5 ms werden gemessen. Die minimal bestimmten Ausschaltzeiten betragen ca. 10 ms. Für das Sortieren von Partikeln werden für Einstrahlzeiten der heizenden Laserstrahlung von 7 - 15 ms Sortiersicherheiten von größer 0,9 erreicht. Es wird abgeleitet, dass für ein optimiertes mikrofluidisches Kanalsystem sich dieser Bereich der Einstrahlzeiten auf 5 - 20 ms vergrößert und Sortierfrequenzen von bis zu 100 Hz möglich sind.

# Abstract

Microfluidic devices are getting more common in everyday applications, like p.e. rapid tests for pregnancy or measurement of blood sugar levels. Microfluidic activated cell sorter (µFACS) are counted to the microfluidic devices which screen and sort cells in suspension on a single-cell basis. They find application in p.e. clinical diagnostics, food control, and biotechnological research. For broad usage of µFACS compact, robust and cost-efficient systems are missing. The opto-caloric switch, investigated in this thesis, can contribute to this, due to the monolithic build chip and the optical interfaces.

The operating principle is based on local optical heating of the fluid and the related expansion and reduction of viscosity. Due to the design of the microfluidic channel system and especially the heated channel section, these changes locally cause an increase in the volume flow rate, which shifts downstream at an Y-junction the analyte stream from one exit to the other.

In this thesis the switching, done in this manner, is investigated and compared with the state of the art in science and technology. A systematic approach is compiled to describe the switching operation and to establish relations between change of resistance, the system describing partial flows and the switch amplitude. The maximum switchable analyte flow rate, an important value for applications, is derived. Two operating principles, the thermal expansion and the directed viscosity, are analyzed and investigated for their temporal properties during the switching procedure. The reason for a minimum achievable switching time is found in the quantity of the heat capacity of the fluid, the inertial moment, and the resistance of the fluid in the channel, the volume replacement and the thermal conductivity in the fluid and in the material of the chip.

Methods are developed for the experimental study of the switch and for comparing with the theoretical considerations, which characterize the switching and sorting separately. The switching operation is described by the maximum switch amplitude and by switching times and is divided in laminar and turbulent switching operation. The sorting process is studied in a single event based manner and sorting accuracy and certainty are determined.

The experimental investigation results in a laminar switching operation which changes to a turbulent operation at approx. 400 - 500 mW heating power. Maximum switchable analyte flow rates up to 17 µl/min and switch-on time values below 5 ms are measured. The minimum determined switch-off time values are approx. 10 ms. For the sorting of particles and irradiation durations of the heating laser beam of 7 - 15 ms sorting certainties greater than 0.9 are achieved. For an optimized microfluidic channel system it is derived, that the parameter area of the irradiation duration is expanded to 5 - 20 ms and sorting frequencies of up to 100 Hz are achievable.

# 1 Einleitung

## 1.1 Die Suche nach der seltenen Zelle

Der Körper eines erwachsenen Menschen besteht aus ca. $4 \cdot 10^{13}$ Zellen und trägt ungefähr die gleiche Menge an Bakterien in und auf sich [1]. Die Zellen erfüllen viele hundert verschiedene Aufgaben und bilden durch die komplexen Wechselwirkungen untereinander unseren Körper.

Wenn es zu Störungen in dem Zusammenspiel dieser Vielzahl an unterschiedlichen Zellen kommt, können sich Erkrankungen ausbilden, z.B. hervorgerufen durch körpereigene oder -fremde Zellen, die sich ungebremst vermehren und durch Verdrängung oder Stoffwechselprodukte andere Zellen beeinträchtigen. Dies trifft auf Krankheitserreger bei bakteriellen Infektionen oder auf Tumorzellen einer Krebserkrankung zu.

Breit wirksame Medikamente gegen diese krank machenden Zellen sind mit Penicillin als dem ersten Vertreter der Antibiotika seit den 30er Jahren im medizinischen Gebrauch. Und mit Stickstoff-Lost wird als erstem Vertreter der Zytostatika seit den 40er Jahren des letzten Jahrhunderts Krebs behandelt. Seitdem sind viele weitere Vertreter dieser Wirkmittelklassen hinzugekommen, welche sich durch unterschiedliche Spezifitäten und Nebenwirkungen auszeichnen. Unterschiedliche Bakterien-Spezies und -Stämme können ganz verschieden stark auf ein Antibiotikum ansprechen. Tumorzellen sind abhängig von ihrem Ursprungsgewebe unterschiedlich empfindlich auf einzelne Zytostatika. Doch nicht nur die medizinische Forschung hat sich weiter entwickelt, auch die Krankheitserreger passen sich an häufig angewendete Antibiotika an und bilden immer häufiger Resistenzen aus.

Dies stellt den behandelnden Arzt vor größer werdende Probleme. Ist die Sensitivität der Krankheit hervorrufenden Zellen nicht bekannt, werden zu hohe Konzentrationen der Wirkmittel verabreicht mit den damit verbundenen unnötig starken Nebenwirkungen oder die Wirkung ist nicht ausreichend und wertvolle Zeit geht verloren, bis die richtige Konzentration oder ein wirksames Mittel ermittelt ist.

Um eine geeignete Medikation vor der Behandlung auszuwählen, wäre es daher optimal, wenn im Labor die Wirksamkeit der zur Auswahl stehenden Medikamente in verschiedenen Konzentrationen an den Zellen vorher untersucht würde. Für diese Untersuchung müssen allerdings Proben dieser Zellen gewonnen werden, was sich schwierig gestaltet, wenn der Ort des Krankheitsherds nicht bekannt ist.

Eine gängige Methode zur Gewinnung bakterieller Krankheitserreger ist die Entnahme von Blutproben. Ist die Infektion fortgeschritten, treten die Erreger aus dem befallenen Organ in die Blutbahn ein, es entsteht eine Sepsis oder umgangssprachlich Blutvergiftung. Durch Entnahme einer Blutprobe und anschließende Anzucht in Blutkulturflaschen für weitere Untersuchungen können nun Erreger gewonnen werden. Das Heranwachsen einer Blutkultur dauert durchschnittlich 48h und gelingt bei Sepsis-Patienten nur bei jeder 10.

Blutprobe [2]. Für den Großteil der Patienten kann daher keine spezifische Wirkmittel-Empfehlung gegeben werden.

Die gesuchten Zellen in der Blutprobe sind selten. Bei Sepsispatienten kommen auf die gewöhnlichen $5 \cdot 10^{10}$ Blutzellen pro Milliliter manchmal weniger als 10 Krankheitserreger. Wäre es möglich, diese Zellen aus der Blutprobe zu isolieren, bestünde die begründete Hoffnung, dass Anzucht, Identifikation und Untersuchung der Zellen häufiger gelänge und schneller durchzuführen wäre.

Auch Krebszellen können im Blut gefunden werden. Ist der Krebs fortgeschritten, treten einzelne Krebszellen in die Blutbahn ein und verteilen sich im Körper. Diese zirkulierenden Tumorzellen, engl. *circulating tumor cells* (CTC), kommen typischer Weise in Konzentrationen von 1 - 10 Zellen pro Milliliter Blut vor und sind somit auch selten. Wenn es in der Routinediagnostik gelingen würde, diese CTCs zu isolieren, könnten genetische Untersuchungen oder auch direkte Anwendungen von Krebsmedikamenten Aussagen über eine geeignete Medikation geben.

Nicht nur zur Diagnostik auch für neuartige Behandlungsverfahren kann das Abtrennen seltener Zellen genutzt werden. In der Blutbahn kommen ganz natürlich Endotheliale Vorläuferzellen, engl. *endothelial progenitor cells* (EPC), noch nicht ausproliferierte Epithelzellen der Gefäßwand, vor. Diese Zellen sind bei der Regeneration und Neubildung von Gefäßen beteiligt. Eine Transplantation von EPC ist daher vielversprechend als Therapie, um durchblutungsgeschädigtes Gewebe zu heilen oder beim Tissue Engineering die Gefäßversorgung von neugebildetem Gewebe zu erzielen.

Voraussetzung hierfür sind Verfahren zum Durchmustern von Blutproben nach diesen seltenen Zellen mit einem Sortierprozess, welcher die gefundenen Zellen abtrennen kann, ohne deren Lebensfähigkeit negativ zu beeinflussen. Die Anforderung an ein Schaltverfahren, um diese Zellen aus einem Fluidstrom abzutrennen, liegt hierbei weniger bei der Schaltgeschwindigkeit – die Schaltereignisse sind ja schließlich selten – sondern bei den durch die zu sortierenden Zellen bestimmten Rahmenbedingungen. Die zirkulierenden Tumorzellen und Endothelzellen sind als eukaryotische Zellen eher empfindlich auf Scherkräfte. Bakterielle Krankheitserreger sind gefährdend für das Umfeld, wenn diese z.B. als Aerosol entweichen können.

Etablierte Geräte zum Durchmustern und Sortieren von Zellsuspensionen sind Fluoreszenz-aktivierte Zellsortierer, engl. *fluorescence-activated cell sorter* (FACS). Die Probe wird mit einer Düse in einen Strom aus Tröpfchen in Luft so vereinzelt, dass jedes Tröpfchen maximal eine Zelle beinhaltet. Abhängig von dem Messsignal der Zelle im Tröpfchen, wird dieses dann durch elektrische Felder vom Strom der restlichen Tröpfchen getrennt und separat aufgefangen. Diese FACS erreichen in der flexiblen Laborversion Preise im sechsstelligen Euro-Bereich und können eine Probe zur Zeit analysieren. Neben der Gefahr der keimbelasteten Aerosolbildung und der für menschliche Tumorzellen starken Beanspruchung durch Scherkräfte bei der Tröpfchenerzeugung, werden außerdem zu viele Ressourcen für eine einzelne Diagnose gebunden, als dass es für die Standarddiagnostik in der Klinik Anwendung finden könnte.

Eine mikrofluidische Umsetzung eines FACS könnte diese Widerstände überwinden, indem kompakte, zellschonende und geschlossene mikrofluidische Sortierkammern verwendet werden, von denen parallelisierbar in einem Gerät mehrere gleichzeitig zum Einsatz kommen können. In diesem Zusammenhang wird vom mikrofluidischen Fluoreszenz-aktivierten Zellsortierer, engl. *microfluidic fluorescence-activated cell sorter* (µFACS), gesprochen.

## 1.2 Multifunktionswerkzeuge µTAS und µFACS*

Zunächst findet eine Durchmusterung der Zellen statt. Hierbei sind verschiedene charakterisierende Messgrößen erfassbar, wie z.B. Lichtstreuung, Brechungsindexänderung, Oberflächenplasmonenresonanzen, dielektrische Polarisierbarkeit und laserinduzierte Fluoreszenzemission, wobei die Fluoreszenzemission aufgrund ihrer kurzen Messdauer und Sensitivität sowie der Flexibilität die am häufigsten genutzte Methode darstellt. Flexibel ist sie, da unterschiedlichste Methoden beim Färben angewandt werden können. Fluoreszenzfarbstoffe können verwendet werden, welche z.B. intrinsisch das gefragte Merkmal, z.B. die Zellmembran oder das Erbgut, einfärben. Andere Farbstoffe werden erst von der Zelle selbst gebildet und zeigen die Aktivität, die Transkription, von Genabschnitten an. Weitere Farbstoffe erreichen als Konjugat mit Antikörpern durch Koppeln an Markermoleküle nach dem Schlüssel-Schloss-Prinzip hohe Spezifitäten und färben z.B. ganz bestimmte Oberflächenmoleküle der Zellen an. Bleibt es bei der Durchmusterung ohne Abtrennung von Zellen wird das System mikrofluidisches umfängliches Analysesystem, engl. *microfluidic total analysis system* (µTAS), genannt.

Folgt auf die Messung von Fluoreszenz ein Sortierschritt, wird das mikrofluidische System als µFACS bezeichnet. Die Funktion ist ganz ähnlich zu den Namensgebern FACS, welche schon seit Ende der 60er Jahre kommerziell vertrieben werden. Durch die Jahrzehnte lange Nutzung von FACS-Systemen sind die Methoden in der biologischen Forschung etabliert, jedoch bleiben manche Anwendungen unerschlossen, da der hohe Wartungs- und Bedienaufwand geschultes Personal voraussetzt, ein hoher Analytvolumenbedarf von mehreren hundert Mikrolitern besteht, aufgrund der Komplexität eine Parallelisierung nicht sinnvoll ist und der hohe Investitions- und Betriebsaufwand für manche Anwendung nicht wirtschaftlich ist, wie in der Routinediagnostik z.B. bei Sepsispatienten.

Die Nutzung von mikrofluidischen Systemen verspricht, diese Nachteile durch einen kompakten, einfach zu justierenden Aufbau, einen geringen Probenvolumenbedarf und die Möglichkeit der Parallelisierung zu beseitigen. Durch weitere mikrofluidische Komponenten, wie z.B. Mischer oder Kulturgefäße, ist eine funktionale Erweiterung möglich, womit bestehende Anwendungen effizienter zu erfüllen sind und neue Methoden realisierbar werden [3].

Das erste µTAS wurde 1993 von Sobek et. al. vorgestellt [4]. Seitdem gibt es mehrere Arbeitsgruppen, welche an µTAS und µFACS forschen und arbeiten. Eine im Oktober 2019 in Web of Science durchgeführte Suche [5] mit den UND-verknüpften Suchbegriffen „microfluidic“, „cell“ und „sorting“ in Titel, Zusammenfassung und Schlüsselwörtern ergab alleine für das Veröffentlichungsjahr 2018 eine Gesamtzahl von 114 Veröffentlichungen, was die rege Aktivität auf dem Feld der mikrofluidischen Durchmusterungs- und Sortiermethoden für Zellen widerspiegelt.

Zur Realisierung von µFACS wurden verschiedene Methoden zum Aktuieren des Sortiervorgangs entwickelt. Bisher hat sich jedoch noch keine der Methoden als stark bevorteilt herausgestellt und gegenüber den anderen durchsetzen können. Ein Grund kann der häufig komplexe Aufbau der mikrofluidischen Systeme sein. Diese haben für das Schalten beim Sortieren z.B. Piezo-Aktoren oder Elektroden in das Kanalsystem integriert. Dies erschwert die Fertigung und erhöht den Ausfall des Systems bei längerem Betrieb. Daher

*µTAS = mikrofluidisches umfängliches Analysesystem, engl. *microfluidic total analysis system*, µFACS = mikrofluidischer Fluoreszenz-aktivierter Zellsortierer, engl. *microfluidic fluorescence activated cell sorter* besteht Bedarf an einem µFACS, welches einen robusten Aufbau besitzt, um ohne hohen Betriebsaufwand zuverlässig zu arbeiten.

Gelingt es, aus einer mikrofluidischen passiven Flusszelle aus transparentem Material, einem Fluoreszenzsensor und einem optischen Schaltverfahren zum Aussortieren einzelner Zellen einen rein optisch aktuierten Sorter zu realisieren, besteht das Potential, diese Anforderungen zu erfüllen. Durch einen monolithisch umsetzbaren Aufbau des mikrofluidischen Systems kann diese Komponente getauscht werden, ohne weitere hochpreisige Komponenten – wie den Fluoreszenzsensor oder den Schaltaktuator – mitzutauschen. Durch die fertigungsbedingte hohe Maßhaltigkeit der meisten Mikrofluidiken besteht die Chance, Personalaufwand für Wartung und Betrieb zu reduzieren.

Eine Möglichkeit, ein solches rein optisches µFACS zu realisieren, ist ein opto-kalorisches Schalt-Prinzip, das die durch Absorption optischer Strahlung hervorgerufene Erwärmung des Fluids und die damit verbundene Ausdehnung und Viskositätsänderung zum Schalten nutzt. Insbesondere die Ausnutzung der Viskositätsänderung ist hierbei ein neuartiger Ansatz. Diese Methode des optischen Aktuierens wurde bisher noch nicht untersucht. Um diese zu realisieren sind daher grundlegende Überlegungen zur Funktionsweise und Gestaltung eines solchen Schalters erforderlich. Auch wenn die einzelnen physikalischen Phänomene, wie die optische Absorption, die Temperaturabhängigkeit der Viskosität und der thermischen Ausdehnung von Fluiden hinlänglich bekannt sind, besitzt das Zusammenspiel dieser Phänomene bei dem opto-kalorischen Schalter eine Komplexität, die einer Analyse bedarf. Zu klären gilt, wie ein grundsätzlicher Aufbau beschrieben und gegliedert wird. Wie werden die Prozesse physikalisch beschrieben? Wie kann eine effiziente Energieeinkopplung für eine starke Schaltwirkung erzielt werden? Wie ist der Schaltverlauf während eines geschlossenen Schaltzyklus? Was sind die Einflussgrößen? Wie kann man den Schaltvorgang charakterisieren und die Hauptmerkmale quantifizieren? Was sind die maximal zu erreichenden Schaltfrequenzen?

Die abschließende Frage ist, ob das opto-kalorische Schalt-Prinzip das Potenzial hat, vergleichbare Werte wie die kommerziell etablierten Methoden zu erzielen.

## 1.3 Zielsetzung

Ziel dieser Arbeit ist es, zu untersuchen, ob durch optischen Energieeintrag und die Ausnutzung der temperaturabhängigen Viskosität und der spezifischen Dichte eines Trägerstroms ein rein optisches µFACS realisiert werden kann. Hierfür sollen die wesentlichen physikalischen Prozesse betrachtet werden: Der Energieeintrag, die Viskositätsänderung, die Änderung der spezifischen Dichte, die Kanalgeometrien, die Massenträgheit und die Reibung.

Ausgehend von den theoretischen Erkenntnissen soll ein Testsystem eines opto-kalorischen Schalters entworfen und gefertigt werden. An diesem soll der Schaltvorgang sowie das Sortieren von Partikeln demonstriert und charakterisiert werden. Anhand der Ergebnisse sollen die theoretischen Betrachtungen überprüft werden. Methoden sind zu entwickeln, welche die dynamischen Eigenschaften des Schaltvorgangs quantifizieren. Dies umfasst Merkmale zur zeitlichen Beschreibung in Form einer Schaltzeit und zur Schaltwirkung in Form einer Schaltauslenkung bzw. -amplitude.

Anschließend soll der Schaltvorgang an Test-Partikeln untersucht werden und es sollen – anhand statistischer Untersuchungen der Schaltwirkung auf die Partikel – quantitative Werte zu der Wahrscheinlichkeit erfolgreicher Schaltvorgänge in Form einer Sortiersicherheit bestimmt werden.

Anhand der ermittelten charakteristischen Größen soll eine Einordnung dieses Schaltprinzips in den Stand der Technik und Forschung erfolgen.

# 2 Stand der Forschung und Technik

Das Durchmustern und Sortieren einzelner Partikel oder Zellen wird zumeist mit den käuflich erwerbbaren und technisch ausgereiften FACS durchgeführt. Es gibt nur wenige Unternehmen, welche auf Mikrofluidiken basierte Sortierer, µFACS, anbieten [6]. Im akademischen Umfeld sind die Aktivitäten mit mehr als 100 Veröffentlichungen pro Jahr [5] und den im Folgenden besprochenen verschiedenen Ansätzen hierzu jedoch vielseitig und ausgeprägt. Durch eine Vertiefung des wissenschaftlichen Verständnisses der zugrundeliegenden Schaltprozesse besteht die Hoffnung, diese einzelnen µFACS-Verfahren für weitere Anwendungsfelder zugänglich zu machen und im Markt einzuführen, um die Bedarfe mit kostengünstigen und robusten Geräten zu bedienen.

## 2.1 Abgrenzung zum FACS

Die Geräteklasse der FACS ist am Markt etabliert und wird von mehreren Anbietern in unterschiedlichen Preissegmenten angeboten [6]. Weshalb wird trotzdem an der Alternative µFACS gearbeitet?

Der Nachteil bei heutigen FACS-Systemen ist die Verknüpfung der drei Eigenschaften: Durchsatz, Reinheit und Wiederfindung seltener Zellen [7]. Moderne FACS erreichen Sortierraten von 70 kHz und mehr und können auch empfindliche Zellen noch mit 10 kHz sortieren, ohne ihre Überlebensrate signifikant zu reduzieren. Bei den maximalen Durchsatzraten reduziert sich jedoch die Mess- und Sortiergenauigkeit, wodurch die Reinheit der sortierten Probe abnimmt. Typischerweise wird daher mit maximal 20 kHz sortiert [8]. Beim Sortieren wird der Analytstrom durch eine Düse in einen Tröpfchenstrom in Luft gewandelt. Durch Injektion einer elektrischen Ladung auf die zu sortierenden Tröpfchen und durch angelegte elektrische Felder quer zur Flugbahn werden die Tröpfchen abgelenkt und in verschiedenen Gefäßen gesammelt. Von der mikroskopisch vereinzelt detektierten und lokalisierten Zelle (oder allgemeiner dem vereinzelten Partikel) findet beim Auffangen wieder der Übergang zum makroskopischen Gefäß statt. Werden seltene Zellen sortiert, sind diese hier schwer wiederzufinden.

Das zu untersuchende Probevolumen und die Zell- bzw. Partikelkonzentration dürfen nicht zu klein sein. Hersteller und Anwender geben für das minimale Probevolumen typischerweise mindestens 300 µl an [9]. Vermutlich lässt sich dies auf den komplexen Aufbau eines FACS zurückführen, bei welchem die Probenzuführung zumeist nicht dicht an der tröpfchenerzeugenden Düse ausgeführt ist, sondern längere Schlauchverbindungen zwischem dem Probengefäß und der Düse bzw. dem Messort zum Einsatz kommen. Werden geringe Proben-Volumina eingesogen, so fließen diese gemäß dem parabolischen Geschwindigkeitsprofil in runden Kanalabschnitten in der Mitte des Schlauchs schnell und am Rand fast gar nicht. Dies führt zu Beginn zu einer starken Verdünnung der Probe und durch Partikeldiffusion in die langsamströmenden Randbereiche zu einer Verlängerung der Messzeit. Für kleine Probenvolumina bzw. geringe Partikelkonzentrationen geraten verhältnismäßig viele Partikel in diese langsam strömenden Bereiche und gehen durch die Verzögerung der Messung verloren, was somit zu einem effektiven Partikelverlust und zu Fehlbestimmungen der Partikelanzahl führt.

Das µFACS kann hier ansetzen, da durch die kompaktere Bauweise kurze Fluidverbindungen möglich sind und beim Sortieren kein Übergang in makroskopische Gefäße geschieht. Den geringeren Sortierraten kann durch Parallelisierung begegnet werden. Durch den kompakteren Aufbau ist es möglich, mehrere Sortierer in einem Gerät gleichzeitig zu betreiben und somit den Durchsatz zu steigern.

Die Kern-Eigenschaften von FACS sind [10]:

- Sortierraten bis zu 10 000 Zellen/s, ohne die Überlebensrate zu reduzieren.
- Mehrere Fluoreszenzkanäle und Streulichtsignale können gleichzeitig erfasst werden. Hierbei werden oft zehn Parameter und mehr durchgehend für jedes Partikel bzw. jede Zelle erfasst.

Die potenziell durch die Verwendung von µFACS überwindbaren Nachteile von FACS sind:

- Der Bedarf an großen Zellmengen von > 100 000 Zellen, um hohe Ausbeuten zu erzielen [8, 11].
- FACS sind groß, teuer und mechanisch komplex. Für die Bedienung wird speziell geschultes Personal benötigt [10, 12].
- Hohe Verluste bei der Verwendung geringer Probenvolumina [10, 12].
- Durch die Tröpfchenbildung besteht die Gefahr der Bildung von kontaminierenden Aerosolen [12].

## 2.2 Hydrodynamische Fokussierung

Im µFACS sollen Partikel durchmustert, das heißt nach Fluoreszenz- und Streulichtmerkmalen vermessen und sortiert werden. Um bei der Durchmusterung der Partikel die Messgrößen hinreichend genau zu quantifizieren, ist es notwendig, dass die Partikel unter möglichst gleichen Bedingungen die Messstelle durchqueren. Die Variation betrifft vor allem die Nähe zu den Kanalwänden, die Homogenität der Sensitivität im Messvolumen und die Partikelgeschwindigkeit. Durch hydrodynamische Fokussierung können die Partikelbahnen auf Stromlinien in die Mitte des Kanals beschränkt werden, vgl. Abb. 2.1. Hierbei wird der Analytstrom mit den Partikeln durch eine Düse in einen Hüllstrom injiziert, sodass der Partikelstrom in den meisten Fällen symmetrisch von partikelfreiem Fluid umflossen ist. Aufgrund der zweidimensionalen lithographischen Fertigung der meisten Mikrofluidiken, geschieht dies oft nur in einer Ebene, der Ebene des Chips. In der Literatur wird hier von einer zweidimensionalen Fokussierung gesprochen [13]. Durch den Fluss des zu untersuchenden Partikelstroms in der Mitte des Kanals sind die Geschwindigkeitsvariationen deutlich geringer und somit die gemessene Signalintensität und -pulslänge reproduzierbarer [12].

Als umgebendes Hüllfluid können verschiedene Flüssigkeiten und auch Gase verwendet werden. Eine Fokussierung von Flüssigkeit in Gas ist hierbei eher selten und wurde nur durch Huh et al. verfolgt [14, 15]. Huh erzielte Geschwindigkeiten von bis zu 1 m/s und eine Fokussierung auf 15 – 100 µm.

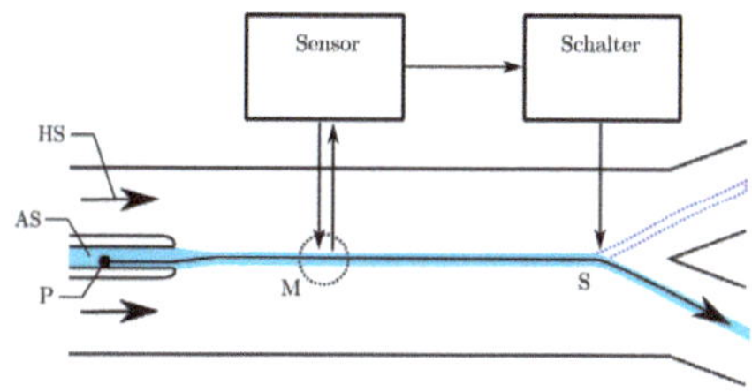


**Abb. 2.1:** Flusszelle eines mikrofluidischen Sorters mit Analytstrom AS, Hüllstrom HS, Partikel P, Sensor, Messstelle M, Schalter und Schaltort S

Eine dreidimensionale hydrodynamische Fokussierung, also der Einschluss des Analytstroms als Fadenstrom mittig im Kanalquerschnitt, ist mit den gängigen meist lithographischen Verfahren nur aufwendig zu realisieren. Zhang et. al. verwendet hierzu einen Aufbau aus fünf Schichten, bestehend aus drei Metallplatten mit zweidimensionalen Ausschnitten zum Formen der Düse und des Kanals sowie zwei Glasplatten zum Verschließen der Kanäle auf der Ober- und Unterseite und zum Anschließen der Zu- und Abläufe auf der Unterseite [16], vgl. Abb. 2.2 (a). Chen et al. geht ähnlich vor und verbindet vier Schichten aus Polydimethylsiloxan (PDMS) mit jeweils zweidimensionalen Kanalsystemen zu einem dreidimensionalen Netzwerk [17]. Wolff et al. realisiert eine dreidimensionale Fokussierung nach der Methode des "rauchenden Schornsteins", welche darauf basiert, dass in einen bestehenden Hüllstrom ein Analytstrom durch eine senkrecht in den Strom hineinragende Düse in die Strömung injiziert wird. Wird gefärbte Analytlösung verwendet, entsteht das namengebende Bild eines im Strom stehenden rauchenden Schornsteins [18], vgl. Abb. 2.2 (b). Dass auch mit einem flächigen Kanalsystem mit jedoch unterschiedlichen Kanaltiefen eine dreidimensionale Fokussierung möglich ist, zeigte Chung et al. [19] und Simonnet et al. [20], vgl. Abb. 2.2 (c) und (d). Die Formen sind in mehrstufigen Prozessen lithographisch hergestellt. Durch Vereinigung von Analyt- und Hüllstrom mit unterschiedlichen Kanalquerschnitten wird eine Fokussierung in Bezug auf die Kanalhöhe erreicht.

## 2.3 µFACS in der wissenschaftlichen Forschung

Der Aufbau eines triggerbaren mikrofluidischen Schalters, um den Strom aufgrund eines Messsignals umzulenken, ist mit unterschiedlichen Methoden realisiert worden [10, 12, 13, 21, 22]. Die Schalter werden hier aufgrund der Aktuierungsmethode kategorisiert:

- Hydrodynamisch aktuierte Schalter. Externe veränderliche Volumenströme werden aufgeprägt, um hydrodynamisch zu schalten.
- Pneumatische Schalter. Ventile auf dem Chip werden durch Druckluft angesteuert.
- Optische Schalter. Optischer Energie- oder Impulseintrag verändert die Bahnen der zu sortierenden Partikel. Hierbei kann der Fluidstrom umgelenkt oder das Partikel im Strom selber bewegt werden.
- Elektrische Schalter. Elektrische Felder oder Ströme lenken den Fluidstrom mit den Partikeln oder das Partikel selbst ab.

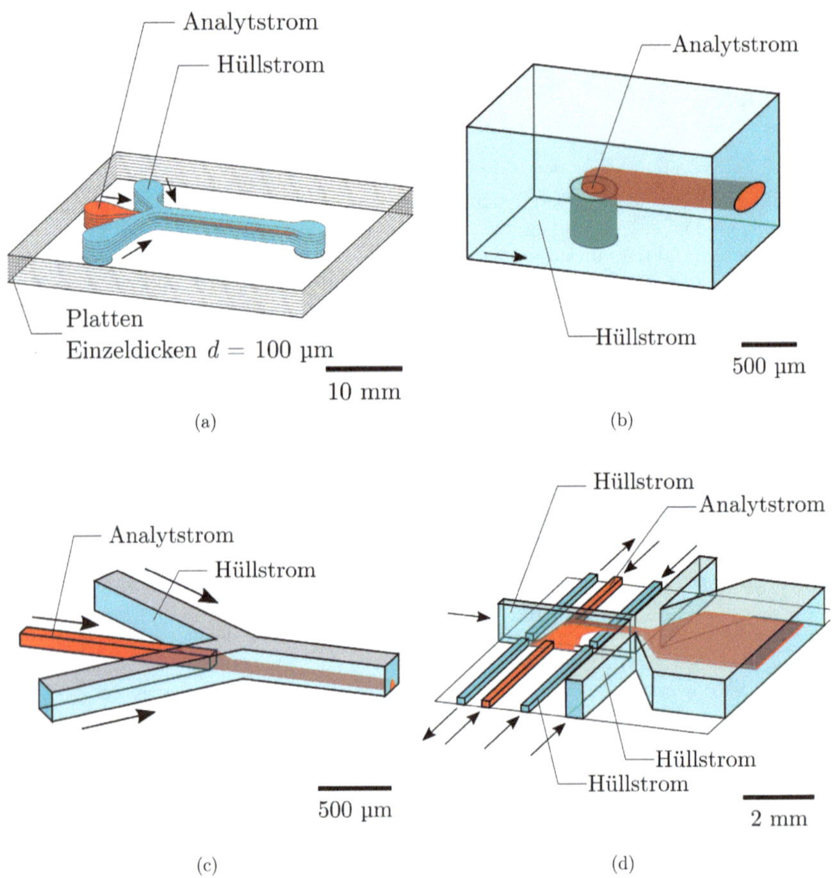


**Abb. 2.2:** Beispiele zur dreidimensionalen hydrodynamischen Fokussierung aus der Literatur. In (a) ist ein Mehrschichtaufbau von Zhang et. al [16], in (b) ist der Aufbau des rauchenden Schornsteins von Wolff et al. [18] dargestellt. Mit 2 1/2-dimensionaler Mikrofluidik zum dreidimensionalen Fokussieren von Partikeln in der Mikrofluidik sind Designs von (c) Chung et al. [19] und (d) Simonnet et al. [20] dargestellt.

### 2.3.1 Hydrodynamisches Schalten

Hydrodynamisch zu schalten, ist vielleicht das anschaulichste Verfahren, um das Schaltprinzip eines µFACS darzustellen. Die Fluidströme, welche an der zu schaltenden Verzweigung für die hydrodynamische Fokussierung zusammenfließen, in Abb. 2.1 von links kommend, können von außerhalb des Chips so eingestellt werden, dass der Probestrom eine nicht mittige Lage einnimmt, siehe Abb. 2.3. Das detektierte Partikel, welches dem fokussierten Probestrom folgt, gelangt, je nach eingestellter Lage, in einen der beiden Ausgangskanäle. Durch Einstellen der Lage des Probestroms, in Abhängigkeit des detektierten Partikels, wird so eine Sortierung erzielt.

Krüger et al. realisiert dies durch Verändern der Pumpgeschwindigkeiten der verwendeten Spritzenpumpen und durch den Einsatz eines Hochgeschwindigkeitsventils. Das Ventil ist außerhalb der Mikrofluidik angebracht und nicht in Abb. 2.3 (a) dargestellt. Mit den Spritzenpumpen erreicht er Schaltfrequenzen von ca. 5 Hz, mit dem Ventil nur ca. 3 Hz [23]. Wolff et al. erreicht mit seiner Mikrofluidik und externen Ventilen, vgl. Abb. 2.3 (b), eine Sortierrate von ca. 3 Partikeln pro Sekunde [18].

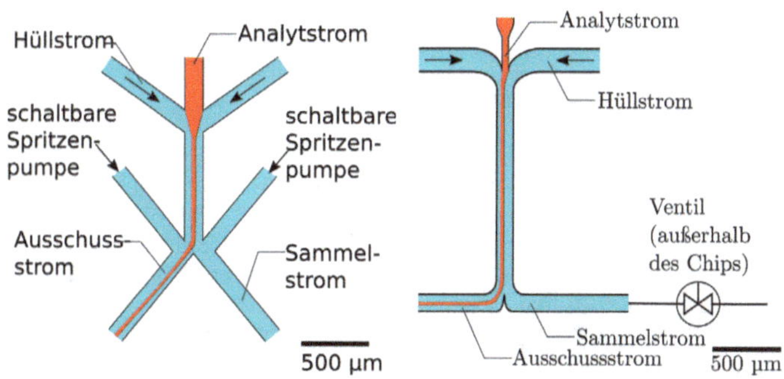


(a) (b)

**Abb. 2.3:** Beispiele für hydrodynamisch geschaltete µFACS. In (a) ist die Mikrofluidik von Krüger et al. [23] abgebildet und in (b) der schematische Aufbau von Wolff et al. [18]

Größter Nachteil dieser Methode ist die geringe Sortierrate.

### 2.3.2 Pneumatisches Schalten

Beim pneumatischen Schalten werden durch Gasdruck Ventile auf dem Chip selbst geschlossen. Zur Integration und Fertigung der Ventile wird der Chip durch die sogenannte Softlithographie aus elastischem PDMS hergestellt. Die lithographisch hergestellten Negativmasken werden mit PDMS abgegossen, welches nach Verschließen mit einem Glasdeckel die Mikrofluidik bildet. Durch das elastische Material können dünne flexible Wände zwischen einzelnen Kanälen erzeugt werden. Bei Beaufschlagung eines Kanals mit Druck kann der benachbarte Kanal von der flexiblen Wand verschlossen werden.

Fu et al. zeigt, dass auf diese Weise Ventile auf einen Chip so aktuiert werden können, dass zu sortierende Partikel mit einer Rate von $0{,}06\,\mathrm{s}^{-1}$ sortiert werden. Außerdem verwendet er mehrere aufeinanderfolgende Ventile, um durch zyklische Betätigung dieser ein Pumpen des Stroms zu erzeugen (Peristaltik), womit er Flussgeschwindigkeiten von 14 mm/s erreicht [24].

Studer et al. verwendet pneumatische Ventile, um einzelne Partikel zu isolieren und dann durch peristaltisches Aktivieren mehrerer Ventile diese abzutrennen. Hiermit erreicht er jedoch nur Raten von weit unterhalb 1 Partikel/s [25].

Größter Nachteil dieser Methode ist auch die geringe Sortierrate.

### 2.3.3 Mechanisches Schalten

Durch das mechanische Drücken auf flexible Bereiche der Mikrofluidik werden analog zum pneumatischen Schalten Kammern verkleinert und kurzzeitig Flüssigkeitsstöße erzeugt. Dies bedingt eine mechanische Verbindung zu den Aktuatoren, was wesentlich aufwendigere Aufbauten als beim pneumatischen Schalten erfordert, jedoch durch die mechanische Kopplung auch kleinere Antwortzeiten erzielt. Chen et al. und Cheng et al. setzen zum Druckausüben kleine piezoelektrische Aktuatoren auf die flexible aus PDMS gefertigte Mikrofluidik und erreichen Sortierraten von ca. 1250 Zellen/s [26, 27].

Größter Nachteil dieser Methode ist der komplexe Chipaufbau mit den integrierten Piezo-Aktuatoren.

### 2.3.4 Akustisches Schalten

Beim akustischen Schalten werden mechanische Schwingungen als akustische Oberflächenwelle, z.B. durch piezo-elektrische Elemente, aufgeprägt, welche beim Propagieren das Fluid in gleicher Richtung beschleunigt [28, 29]. Der Effekt ist als akustische Strömung bekannt und wird durch eine Ausrichtung quer zur Strömungsrichtung der Partikel genutzt, um diese eine kurze Distanz mitzunehmen. Franke et al. erreicht auf diese Weise eine Sortierfrequenz von 2 kHz [30].

Größter Nachteil dieser Methode ist die Notwendigkeit der Integration eines piezoelektrischen Substrats mit Elektroden in der Mikrofluidik.

### 2.3.5 Opto-kinetisches Schalten

Beim opto-kinetischen Schalten wird ausgenutzt, dass jedes Photon einen Eigenimpuls trägt. Durch Reflexion und Brechung eines Lichtstrahls an Partikeln ändert sich die Ausbreitungsrichtung der Photonen, wodurch ein Impulsübertrag stattfindet. Werden genug Photonen in der gleichen Richtung abgelenkt, treten durch den Impulsübertrag Kräfte auf, welche groß genug sind, um Partikel zu bewegen oder festzuhalten, was auch den Begriff der optischen Pinzette geprägt hat [31]. Aufgrund der guten Fokussierbarkeit werden hierfür Laserstrahlen verwendet.

Das Nutzen von Laserstrahlen zum Bewegen von kleinen Teilchen und Zellen wurde schon 1987 von Ashkin et al. demonstriert [31], wofür ihm 2018 der Nobelpreis verliehen wurde. Dieses Verfahren wird angewendet, um zum Beispiel die Mobilität von Spermien zu bestimmen und diese bei der künstlichen Befruchtung zur Eizelle zu bewegen [32].

Die Verwendung von bewegten optischen Pinzetten zum Sortieren von Bakterien aus dem Fluss in einer Mikrofluidik hat zum Beispiel Oakey et al. 2002 gezeigt [33]. Er verwendet eine per Piezospiegel abgelenkte optische Pinzette. Die erreichten Sortierraten sind jedoch nicht bekannt. Wang et al. verwendet einen akustooptischen Deflektor (AOD) zum Verschieben des Laserfokus [11]. Der Fallenlaser wird hierbei für mindestens 2 ms aktiviert und er erreicht Sortierraten von im Mittel ca. 25 Zellen/s. Einen ganz ähnlichen Aufbau mit AOD nutzt Perroud et al., um Makrophagen mit einer Rate von 22 Zellen/s zu sortieren [34].

Nicht das Partikel selbst, sondern eine Barriere verschiebt Terray et. al mit der optischen Pinzette, um auf diese Weise ein Ventil zum Umlenken von Partikeln zu erzeugen [35]. Die prozessierten Volumenraten sind hier jedoch mit 1 – 2 nl/h im Vergleich zu den anderen Verfahren sehr gering, die bis zu mehreren Hundert Mikroliter pro Minute prozessieren können.

In der Mikrofluidik wurde ein passives Sortierverfahren durch geschicktes Überlagern mehrerer Laserstrahlen realisiert [36]. Die Laserstrahlen erzeugen ein stehendes Interferenzmuster, das – ähnlich dem Verfahren des *deterministic lateral displacements* (DLD) – durch seine periodische zweidimensionale Gitterstruktur Teilchen abhängig von der Größe und der Polarisierbarkeit von ihrer Trajektorie ablenkt. Die auf die Teilchen wirkende Kraft kann hierbei, abhängig von der Polarisierbarkeit der Teilchen bei der verwendeten Wellenlänge, anziehend in Richtung stärkerer Lichtintensität oder abstoßend in Richtung schwächerer Intensität wirken. Anhand einer abstoßenden Kraft kann die Wirkweise des Interferenzmusters anschaulich erklärt werden. Trifft ein Teilchen auf ein Interferenzmaximum und ist die abstoßende Kraft ausreichend, wird es diesem, durch die Strömung weiter vorangetrieben, seitlich ausweichen. Das periodische Interferenzmuster ist zur Strömungsrichtung leicht geneigt, sodass das Teilchen nach kurzer Distanz auf das nächste Interferenzmaximum trifft, welchem das Teilchen auch ausweichen wird. Besitzt das Teilchen einen großen Durchmesser oder ist die abstroßende Kraft groß, hat das erste Interferenzmaximum das Teilchen besonders weit von seiner ursprünglichen Trajektorie abgelenkt. Die nächste Lage an Interferenzmaxima ist durch die Neigung des Gitters versetzt. Durch Wahl der Neigung kann bestimmt werden, wie die Teilchen auf das nächste Interferenzmaximum treffen. Kommen die Teilchen von links und treffen oberhalb des Zentrums auf das Interferenzmaximum, werden sie weiter nach oben abgelenkt. Treffen sie unterhalb des Zentrums, werden sie nach unten abgelenkt. Folgen mehrere Ebenen hintereinander, sind die größeren oder stärker mit dem Licht interagierenden Teilchen am oberen Rand der Mikrofluidik und die kleineren oder schwächer mit dem Licht interagierenden Teilchen auf ihrer ursprünglichen Trajektorie am unteren Rand der Mikrofluidik zu finden, was die Separierung durch eine Verzweigung ermöglicht.

Wang et al. erreicht durch den Einsatz eines räumlichen Modulators für Licht die Erzeugung von mehreren unabhängig voneinander beweglichen optischen Pinzetten und eine Sortierrate von 5 Zellen/s [37].

### 2.3.6 Opto-kalorisches Schalten

Durch die Absorption von Laserstrahlung und der damit verbundenen Erwärmung eines Fluids sind drei Methoden zum Betreiben eines mikrofluidischen Schalters bekannt. Die erste Methode basiert auf der Volumenänderung durch den lokal erzeugten Phasenübergang flüssig-gasförmig, der Bildung von Blasen. Wird durch den Wärmeeintrag das Fluid lokal über die Siedetemperatur erhitzt, kann der Druckstoß durch die entstehende Blase genutzt werden, um ein Partikel von seiner Bahn abzulenken und z.B. in einen separaten Sammelkanal zu führen. Chen et al. erreicht auf diese Weise Sortierraten von bis zu 500 Zellen/s [38, 39]. Zhang et al. verwendet eine dünne Metallschicht als Absorberschicht und die entstehende Blase zum Blocken des Fluidstroms. Die Antwortzeiten sind bei diesem Verfahren jedoch größer 3 s, was keine hohen Sortierraten zulässt [40].

Eine zweite Methode verwendet einen thermisch induzierten Sol-Gel-Übergang, hier wird bei Überschreitung einer Schwelltemperatur der Übergang zu einem Gel ausgelöst, was den Fluss in dem erwärmten Fluidik-Abschnitt stoppt. Diese temporäre Flussänderung wird stromabwärts einer Verzweigung eingesetzt, um Partikel gezielt in einen anderen, den Sammelkanal, abzulenken [41].

Die Methode der dritten Kategorie wird in dieser Arbeit verwendet. Durch Erwärmung des Fluids wird lokal die Viskosität reduziert und das Fluidvolumen vergrößert, was zur Manipulation von Strömungsverhältnissen und dadurch zum Ablenken von Partikeln genutzt wird. Das Wirkprinzip ist hierbei ganz ähnlich dem elektro-kalorischen Schalter von Schulz et al., welcher im nächsten Abschnitt erläutert wird.

### 2.3.7 Elektrisches Schalten

Beim elektrischen Schalten werden alle Verfahren zusammengefasst, die bis auf Elektroden im Chip keine weiteren Bestandteile brauchen. Trotz dieser Gemeinsamkeit gibt es verschiedene Varianten, wie das Sortieren umgesetzt wurde.

Die am häufigsten angewandte Methode ist das Aufprägen eines elektroosmotischen Flusses in die Richtung, wohin das Partikel geschaltet werden soll. Beim elektroosmotischen Fluss wird ausgenutzt, dass sich bei geeigneter Materialwahl (z.B. Glas, Quarzglas, PDMS, PTFE) auf der benetzten Oberfläche Ladungsträger trennen. Beim Quarzglas z.B. dissoziieren Silanol-Gruppen Si-OH $\rightarrow$ Si-O$^-$ + H$^+$, sodass an der stationären positiv geladenen Wand eine mobile negativ geladene Flüssigkeitsschicht angrenzt. Wird entlang eines Kanals nun ein elektrisches Feld angelegt, setzen sich die mobilen Ladungsträger in Bewegung und mit ihnen die Flüssigkeit. Eine Besonderheit dieses Stroms ist eine bis in nächster Nähe zur Kanalwand homogene Geschwindigkeitsverteilung, da die elektrischen Kräfte direkt an der Grenzschicht Fluid/Wand wirken. Von zahlreichen Realisierungen wurde bereits berichtet [42–48], wobei meist nur sehr geringe Geschwindigkeiten von kleiner 1 mm/s erzielt werden. Größter Nachteil sind die hohen Spannungen, welche für schnellere Schaltzeiten nötig sind und von lebenden Zellen nur begrenzt verkraftet werden. Bei längerem Betrieb muss des Weiteren berücksichtigt werden, dass genug mobile Ladungsträger der Flüssigkeit nachgeliefert werden und dass sich durch den fließenden Strom die Flüssigkeit erwärmt.

Beim elektrophoretischen Schalten [49] und dielektrophoretischen Schalten [50, 51] wirken die elektrischen Felder direkt auf die Partikel, die im ersten Fall selbst elektrisch geladen sind und im zweiten Fall in einem elektrischen Wechselfeld induzierte Dipolfelder erfahren. Das zweite Verfahren erreicht Sortierraten von bis zu 2000 Partikeln/s. Der größte Nachteil beider Verfahren ist die Abhängigkeit von den Eigenschaften der Partikel. Je nachdem wie diese geladen in der Flüssigkeit vorliegen oder wie die elektrische Polarisierbarkeit ist, müssen die Feldstärken und Frequenzen der Wechselfelder angepasst werden.

Das Schalten von Partikeln durch Erzeugen laser-induzierter Gasblasen wurde schon erwähnt und kann ganz ähnlich auch elektrisch realisiert werden. Hoefemann et al. erzeugt durch ein elektrisches Heizelement in einer Seitenkammer eine Gasblase, die zu einem seitlichen Strom im Hauptkanal führt, um dort Partikel abzulenken [52]. Zhao et al. verwendet einen ähnlichen Aufbau, der in Abb. 2.4 (a) dargestellt ist, nur dass er zum Blasenerzeugen eine Funkenentladung in der Seitenkammer zündet [53]. Beide erreichen Sortierraten von ca. 200 Partikeln/s.

Einen in diesem Kontext etwas exotischen Ansatz verfolgt Huh et al., indem er den

Analytstrom in Gas fokussiert. Der flüssige Analytstrom berührt hierbei noch die Ober- und Unterseite des Kanals. Elektrisch ändert er die Benetzbarkeit des Kanalbodens, so dass sich der Strom zu einer Seite hin verschiebt, vgl. Abb. 2.4 (b). Auf diese Weise werden Schaltraten von 25 Partikeln/s erreicht [15].

Der erste elektro-kalorische Schalter auf Basis von Viskositätsänderungen wurde 1998 von Schulz et al. realisiert [54] und ähnelt in der Funktionsweise stark dem hier verfolgten Ansatz. Durch elektrische Erwärmung kleiner Bereiche in einer Mikrofluidik wird der hydrodynamische Widerstand so verändert, dass ein gefärbter Fluidstrom mit 5 Hz geschaltet werden kann. Neben einem Patent aus dieser Arbeitsgruppe [55], der eigenen Veröffentlichung [56] und dem eigenen Patent [57] sind keine weiteren Arbeiten bekannt.

Schulz et al. nutzt eine Mikrofluidik, die aus einem Siliziumsubstrat mit geätzter Struktur und einem gebondeten Deckel aus Glas besteht. Auf der Rückseite des Siliziumsubstrats sind metallische Dünnschichtheizelemente aufgebracht, welche Bereiche von 25 µm x 1000 µm abdecken. Der Wärmeeintrag in das Fluid findet daher indirekt über das Siliziumsubstrat statt. Durch die gute Wärmeleitfähigkeit von monokristallinem Silizium von 143 $Wm^{-1}K^{-1}$ wird eine Schaltfrequenz von 5 Hz erreicht. Jedoch wird auch Wärme direkt an das umliegende Chipmaterial abgegeben, die zu einer Erwärmung des Fluids in den anderen Bereichen der Mikrofluidik führt und die globalen Temperaturunterschiede und somit die Schaltwirkung während des Dauerbetriebs reduziert. Zu erwarten ist, dass die von Schulz et al. erreichten Werte mit einem opto-kalorischen Schalter zu übertreffen sind.

Eine Übersicht der wichtigsten Parameter der verschiedenen µFACS-Methoden wird zusammen mit den käuflich erwerbbaren µFACS in Tab. 2.1 in Kapitel 2.5 dargestellt.

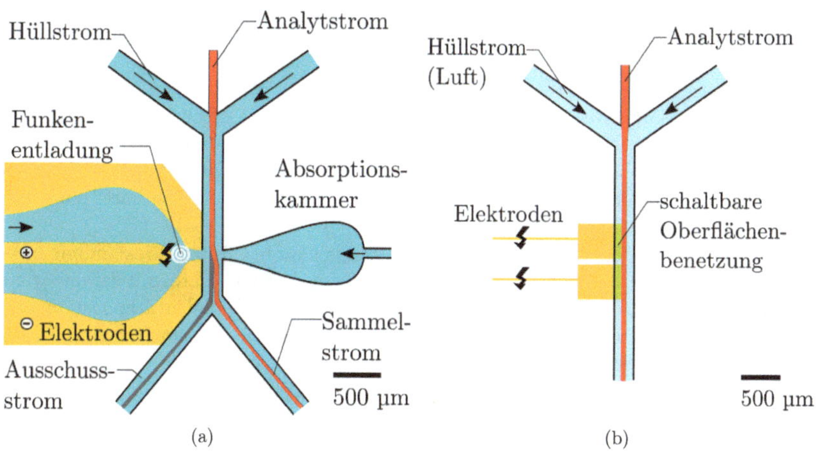


**Abb. 2.4:** Beispiele zum elektrischen Schalten durch a) entladungsfunkeninduzierte Blasenbildung [53] und b) durch elektrische Änderung der Benetzbarkeit [15]

## 2.4 Methoden in käuflich erwerbbaren Geräten

Käuflich sind nur vier µFACS-Geräte erhältlich, die alle dem mechanischen Schalten, vgl. Abschnitt 2.3.3, zuzuordnen sind. Das MACSQuant Tyto von Miltenyi verzichtet auf eine hydrodynamische Fokussierung und schaltet bei Detektion magnetisch ein im Siliziumchip integriertes Ventil, um das detektierte Partikel zu sortieren, vgl. Abb. 2.5 (a).

Das Sortier-Modul von Sysmex (ehemals Partec) gibt es für die Durchflusszytometer CyFlow Space und Cube und nutzt ein Piezoelement, um durch einen Druckstoß das Partikel in den Sammelkanal zu befördern. Über die genaue Funktionsweise des letzteren gibt es vom Hersteller kaum öffentlich zugängliche Informationen. Bilder zum Sortierchip legen nahe, dass keine hydrodynamische Fokussierung stattfindet, vgl. Abb. 2.5 (b).

Das GigaSort von Cytonome besitzt 24 parallele Sortierer auf einem Mikrofluidikchip, die jeweils eine Sortierrate von ca. 2000 Partikel/s erreichen [58]. Die hydrodynamisch fokussierten Partikel werden durch einen seitlichen Fluidstrom abgelenkt, der mechanisch durch Drücken auf eine seitlich liegende Kammer erzeugt wird, vgl. Abb. 2.5 (c).

Im Wolf Cell Sorter von Nanocellect wird auch ein seitlicher Fluidstrom verwendet, um Partikel auf eine andere Bahn zu lenken. Angetrieben wird dieser Strom durch einen piezo-elektrischen Aktuator, der das Volumen einer seitlichen Kammer verändert, vgl. Abb. 2.5 (d).

## 2.5 Vergleich mikrofluidischer fluoreszenzaktivierter Zellsortierer

Eine Größe, an der sich trotz der unterschiedlichen Funktionsweisen der µFACS ein Vergleich vornehmen lässt, ist die Sortierrate. Ist diese hoch, so kann mit weniger Zeitaufwand eine Menge an Partikeln oder Zellen oder in der gleichen Zeit eine größere Anzahl gemessen werden.

Eine zweite Größe ist der Analytvolumenstrom. Höhere Analytvolumenströme erlauben bei gleicher Sortierrate geringere Partikelkonzentrationen, was z.B. die Gefahr einer Verstopfung durch Agglomeration von Partikeln reduziert. Außerdem verringert sich die Verweildauer der Probe in den zu- und abführenden fluidischen Verbindungen. Dies wirkt einer Sedimentation und somit dem Verlust und der Verschleppung von Partikeln entgegen.

Nicht immer sind die in den Veröffentlichungen genannten Raten direkt miteinander vergleichbar. Die hier verwendete Sortierrate bezeichnet diejenige Rate, mit der ein Schalter kontinuierlich Schaltzyklen durchführen kann. Oft wird in Veröffentlichungen anstatt dessen die Durchmusterungsrate angegeben, also die Rate, mit der eine Gesamtheit von Partikeln den Sortierer passiert, wovon jedoch nur ein Bruchteil sortiert wird. In diesen Fällen wird aus den verfügbaren Zahlen abgeleitet, was die tatsächliche (mögliche) Sortierrate des Systems ist. Wenn keine Volumenströme angegeben sind, werden diese aus den angegebenen anderen Werten ermittelt und, wenn nicht anders möglich, auch aus den Abbildungen mit Größenmaßstab abgeschätzt. Eine tabellarische Übersicht ist in Anhang A.2 zu finden. Abb. 2.6 zeigt eine Übersicht der Sortierraten und Analytvolumenströme der in der Literatur beschriebenen und der käuflich erwerbbaren µFACS. In dieser Übersicht ist keine klare Überlegenheit einer einzelnen Technologie zu erkennen. Deutlich ist, dass die hydrodynamisch (durch externe Aktuatoren, Symbol: $\bigtriangledown$) geschalteten und die

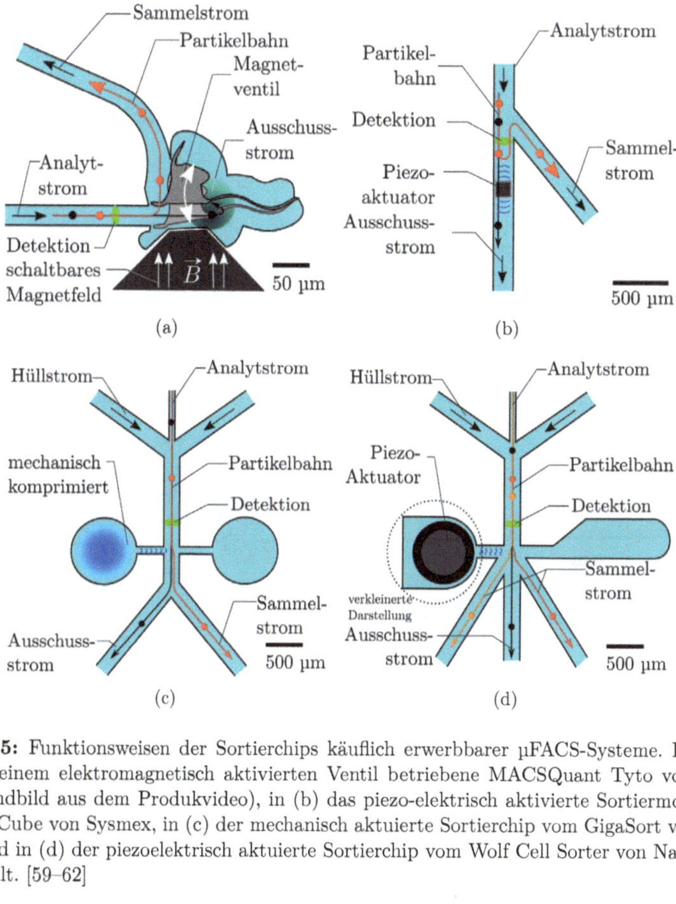


**Abb. 2.5:** Funktionsweisen der Sortierchips käuflich erwerbbarer µFACS-Systeme. In (a) ist der mit einem elektromagnetisch aktivierten Ventil betriebene MACSQuant Tyto von Miltenyi (Standbild aus dem Produkvideo), in (b) das piezo-elektrisch aktivierte Sortiermodul zum CyFlow Cube von Sysmex, in (c) der mechanisch aktuierte Sortierchip vom GigaSort von Cytonome und in (d) der piezoelektrisch aktuierte Sortierchip vom Wolf Cell Sorter von Nanocellect dargestellt. [59–62]

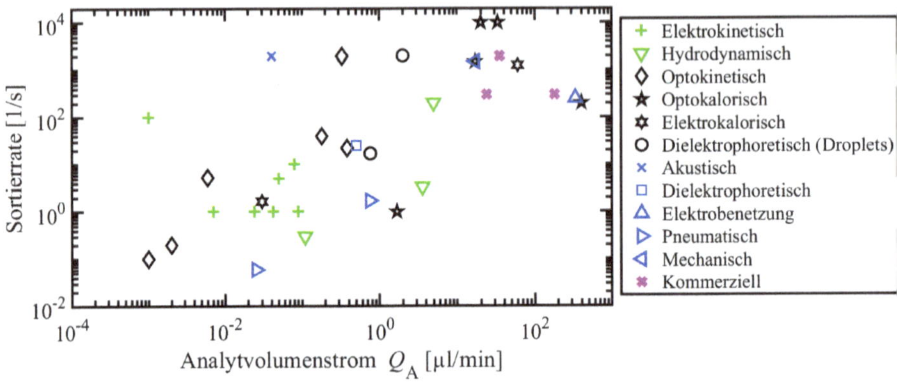


**Abb. 2.6:** Vergleich von µFACS-Systemen in der Literatur in Bezug auf die Sortierrate und den prozessierten Analytvolumenstrom

elektrokinetischen µFACS (Symbol: +) nicht unter den schnelleren vertreten sind.

**Tab. 2.1:** Vergleich der in der Literatur beschriebenen und käuflich erwerbbaren µFACS-Verfahren. Eine ausführliche Tabelle mit den Quellen zugeordneten Werten ist im Anhang A.3 aufgeführt

| Abschnitt | Verfahren | Sortierrate [1/s] | Analytvolumenstrom [µl/min] | Partikelgeschwindigkeit [mm/s] |
|---|---|---|---|---|
| 2.3.1 | Hydrodynamisch | 0,3 - 5,4 | 0,11 - 6 | 14 - 50 |
| 2.3.2 | Pneumatisch | 0,06 - 1 | 0 - 0,75 | 5 - 14 |
| 2.3.3 | Mechanisch | 1.250 | 17 | 500 |
| 2.4 | Mechanisch (käufl. erwerbbar) | 300 - 30.000 | 24 - 180 | - |
| 2.3.4 | Akustisch | 2.000 | 0,04 | 190 |
| 2.3.5 | Optokinetisch | 0,1 - 25 | 0,001 - 0,384 | 0,07 - 25 |
| 2.3.6 | Opto-kalorisch | 1 - 10.000 | 1,7 - 400 | 9 - 2.000 |
| 2.3.7 | Elektrokalorisch | 200 - 1.500 | 0,03 - 60 | 0,5 - 5.000 |
| 2.3.7 | Elektrokinetisch | 1 - 120 | 0,001 - 0,042 | 0,4 - 2,5 |
| 2.3.7 | Elektrobenetzung | 250 | 333 | 500 |

# 3 Grundlagen des opto-kalorischen Schalters

Der kalorische µFACS beschreibt eine Methode, um mit Hilfe einer Mikrofluidik Partikel aufgrund eines Fluoreszenzsignals zu sortieren. Diese Partikel sind in der Anwendung vorwiegend gefärbte Zellen. Diese können zum Beispiel über Antikörper-Farbstoff-Konjugate spezifisch angefärbt sein, um einzelne Spezies zu separieren oder seltene Zellen zu isolieren.

Um innerhalb des kalorischen µFACS gefärbte Partikel abzutrennen, wird eine Mikrofluidik benötigt, innerhalb welcher an einer Verzweigung die positiv gefärbten Partikel vom Hauptstrom des Analytstroms getrennt werden. Mikrofluidiken zeichnen sich dadurch aus, dass die kleinste Länge, welche das Strömungsverhalten bestimmt – die charakteristische Länge $L_0$ – wenige Mikrometer bis zu einigen hundert Mikrometern misst.

Um die zugrunde liegenden Gesetzmäßigkeiten innerhalb von Mikrofluidiken nachzuvollziehen, ist es hilfreich, ein Verständnis für die im Mikroskopischen dominierenden Wechselwirkungen zu entwickeln. Eine Methode ist die Verwendung von Skalierungsregeln. Durch Skalierungsregeln wird die Entwicklung von physikalischen Größen beschrieben, wenn die Ausdehnung eines Systems verändert wird. Andere Größen wie Zeit, Druck, Temperatur oder Längenverhältnisse werden hierbei konstant gehalten. Insbesondere die Skalierung von Kräften stellt die veränderten Verhältnisse in Mikrofluidiken heraus. Kräfte, welche auf Volumenelemente wirken (z.B. Gravitation und Trägheit), skalieren mit $l^3$, wogegen Kräfte, welche auf Flächen wirken (z.B. Scherkräfte, Druck), mit $l^2$ skalieren. Hierbei ist $l$ die Längenskala des betrachteten Systems und in der Regel der kleinste Abstand, der wirksam ist, wie z.B. die Breite oder Höhe eines Kanals. Das Verhältnis dieser beiden Kräfteklassen skaliert daher wie gefolgt

$$\frac{\text{Flächenkräfte}}{\text{Volumenkräfte}} \propto \frac{l^2}{l^3} = l^{-1} \xrightarrow[l \to 0]{} \infty. \tag{3.0.1}$$

Aus dieser Überlegung leitet sich ab, dass die in der makroskopischen Welt sehr präsenten Volumenkräfte in der mikroskopischen Welt nur noch einen geringen Einfluss haben, was zu Ergebnissen führen kann, die unserer Intuition widersprechen. In Tab. 3.1 sind einige Skalierungsgesetze für verschiedene physikalische Größen aufgelistet.

## 3.1 Hydrodynamik in Mikrofluidiken

Dieses Kapitel geht auf die Besonderheiten der Strömung in mikrofluidischen Systemen ein und orientiert sich hierbei an Bruus [63]. Ausgehend von der Navier-Stokes-Gleichung wird die die Strömung charakterisierende Größe der Reynoldszahl hergeleitet und ihre Bedeutung für µFACS herausgearbeitet.

**Tab. 3.1:** Einige Skalierungsregeln für physikalische Größen als Funktion von $l$, welches die Länge, die Objektgröße oder den Abstand für das betrachtete System bezeichnet [63]

| Größe | Skalierung | Größe | Skalierung |
|---|---|---|---|
| Fläche | $l^2$ | Zeit | $l^0$ |
| Volumen | $l^3$ | Geschwindigkeit | $l^1$ |
| Rel. Fluktuationen | $l^{-1/2}$ | Hydrostatischer Druck | $l^1$ |
| Reynoldszahl $Re$ | $l^2$ | Hydrodynamischer Widerstand | $l^{-4}$ |
| Diffusionszeit | $l^2$ | Stoke'sche Reibung | $l^1$ |
| Elektrisches Feld | $l^{-1}$ | Thermische Diffusionszeit | $l^2$ |
| Optische Absorption | $l^1$ | Thermischer Widerstand | $l^{-1}$ |

Für den Sonderfall von Flüssigkeiten mit konstanter dynamischer Viskosität $\eta$ und Dehnungsviskosität $\zeta$ (Newton'sche Flüssigkeiten) beschreibt die Navier-Stokes Gleichung das Geschwindigkeitsprofil $\boldsymbol{v}$ als partielle inhomogene Differentialgleichung

$$\rho\left[\partial_t \boldsymbol{v} + (\boldsymbol{v}\cdot\boldsymbol{\nabla})\,\boldsymbol{v}\right] = -\boldsymbol{\nabla} p + \eta\nabla^2\boldsymbol{v} + \beta\eta\boldsymbol{\nabla}\left(\boldsymbol{\nabla}\cdot\boldsymbol{v}\right) + \rho\boldsymbol{g} + \rho_{\mathrm{el}}\boldsymbol{E} \tag{3.1.1}$$

mit der lokalen Dichte $\rho(\boldsymbol{r})$, dem Viskositätsverhältnis $\beta = \eta/\zeta + 1/3$, der Erdbeschleunigung $\boldsymbol{g}$, der lokalen Ladungsdichte $\rho_{\mathrm{el}}$ und dem lokalen elektrischen Feld $\boldsymbol{E}\,(\boldsymbol{r})$. Für die Anwendung im Bereich der Mikrofluidik, bei welcher die auftretenden Geschwindigkeiten viel kleiner als die Schallgeschwindigkeiten sind, können die Flüssigkeiten als inkompressibel angenommen werden, wodurch wir den Term $\boldsymbol{\nabla}\cdot\boldsymbol{v}$ vernachlässigen können. Die vereinfachte Navier-Stokes-Gleichung lautet

$$\rho\left[\partial_t \boldsymbol{v} + (\boldsymbol{v}\cdot\boldsymbol{\nabla})\,\boldsymbol{v}\right] = -\boldsymbol{\nabla} p + \eta\nabla^2\boldsymbol{v} + \rho\boldsymbol{g} + \rho_{\mathrm{el}}\boldsymbol{E}. \tag{3.1.2}$$

Die linke Seite der Gleichung kann als Summe der Trägheits-Kraftdichten und die rechte Seite als Summe der intrinsischen oder externen Kraftdichten interpretiert werden. Um abzuschätzen, ob Trägheitskräfte (die linke Seite) oder externe Kräfte (die rechte Seite) die Strömung dominieren, wird die dimensionslose Reynoldszahl $Re$ eingeführt. Die Reynoldszahl ergibt sich, wenn die einzelnen Größen aus der Navier-Stokes-Gleichung durch Bezug auf charakteristische Größen des Systems dimensionslos gemacht werden. Für das einheitenlose Geschwindigkeitsfeld $\tilde{\boldsymbol{v}} = V_0^{-1}\boldsymbol{v}$ wird die charakterisitische Geschwindigkeit $V_0$ eingeführt und für die Ableitung nach dem Ort $\tilde{\boldsymbol{\nabla}} = L_0\boldsymbol{\nabla}$, mit der charakteristischen Länge $L_0$. Für den Druck lässt sich $\tilde{p} = (L_0/\eta V_0)\,p$ und für die partielle zeitliche Ableitung $\tilde{\partial}_t = L_0/V_0\;\partial_t$ schreiben. Die in Mikrofluidiken meistens sehr schwachen externen Kräfte Gravitation und elektrische Kraft können in der Regel vernachlässigt werden, womit sich die Gleichung (3.1.2) einheitenlos als

$$\rho\left[V_0^2/L_0\;\tilde{\partial}_t\tilde{\boldsymbol{v}} + V_0^2/L_0\left(\tilde{\boldsymbol{v}}\cdot\tilde{\boldsymbol{\nabla}}\right)\tilde{\boldsymbol{v}}\right] = \eta V_0/L_0^2\;\tilde{\boldsymbol{\nabla}}\tilde{p} + \eta V_0/L_0^2\;\tilde{\nabla}^2\tilde{\boldsymbol{v}} \tag{3.1.3}$$

$$Re\left[\tilde{\partial}_t\tilde{\boldsymbol{v}} + \left(\tilde{\boldsymbol{v}}\cdot\tilde{\boldsymbol{\nabla}}\right)\tilde{\boldsymbol{v}}\right] = \tilde{\boldsymbol{\nabla}}\tilde{p} + \tilde{\nabla}^2\tilde{\boldsymbol{v}} \tag{3.1.4}$$

mit der Reynoldszahl

$$Re = \rho V_0 L_0/\eta \tag{3.1.5}$$

schreiben lässt. Eine anschauliche Interpretation der Reynoldszahl wird gewonnen durch

Erweiterung der Definition mit $L_0^2 \cdot V_0$. Es ergibt sich

$$Re = \frac{\rho V_0 L_0 \cdot L_0^2 V_0}{\eta \cdot L_0^2 V_0} = \frac{2E_{\text{kin}}}{W_{\text{Reibung}}}, \tag{3.1.6}$$

das Verhältnis aus der zweifachen kinetischen Energie eines Volumenelements $L_0^3$, das sich mit $V_0$ bewegt, zur Reibungsenergie $W_{\text{Reibung}}$, die aufgewendet werden muss, um ein Volumenelement mit dem Durchmesser $L_0$ um die Strecke $L_0$ zu verschieben.

### 3.1.1 Impulstransport in der Mikrofluidik

Der Impuls $p_{\text{fl}}$ in Flussrichtung $x$ pro Längenabschnitt $\Delta x$, den ein Fluid im Kanalabschnitt $A \cdot \Delta x$ innehat (vgl. Abb. 3.1), lässt sich für $\rho = \text{const}$ berechnen durch

$$\frac{p_{\text{fl}}}{\Delta x} = \frac{\int_V \rho\,(x,y,z)\, v_x\,(y,z)\,\mathrm{d}x\mathrm{d}y\mathrm{d}z}{\Delta x} \tag{3.1.7}$$

$$= \frac{\rho \cdot \int_A v_x\,(y,z)\,\mathrm{d}y\mathrm{d}z \cdot \int_{\Delta x}\mathrm{d}x}{\Delta x} \tag{3.1.8}$$

$$= \frac{\rho v A \Delta x}{\Delta x} \tag{3.1.9}$$

$$= \rho Q, \tag{3.1.10}$$

mit $Q = v \cdot A$.

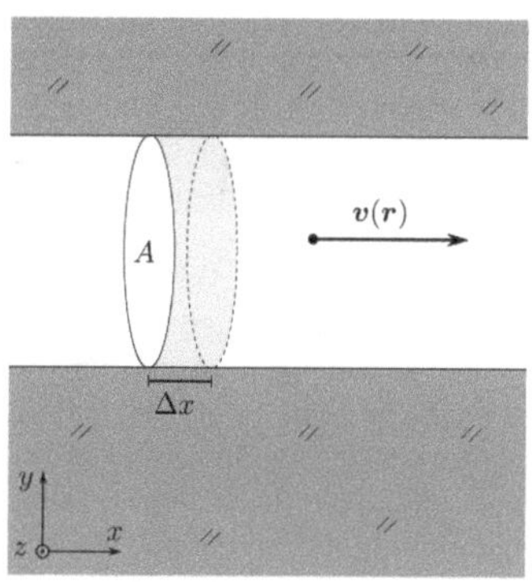


**Abb. 3.1:** Ein Kanalabschnitt mit dem Geschwindigkeitsfeld $\boldsymbol{v}(\boldsymbol{r})$, der Querschnittsfläche $A$ und dem Streckenabschnitt $\Delta x$

Festzuhalten ist, dass bei konstanter Dichte $\rho$ der Impuls pro Längenabschnitt $\Delta x$ nur von dem Volumenstrom, nicht von der Querschnitts-Geometrie des Kanals abhängt. Für mehrere Leitungen in Reihe bedeutet dies, dass für die Massenträgheit allein die Leitungslänge ausschlaggebend ist.

### 3.1.2 Turbulente und laminare Strömung

Die im vorigen Kapitel eingeführte Reynoldszahl $Re$ hilft abzuschätzen, welches Strömungsprofil sich voraussichtlich ausbilden wird. Ist die Reynoldszahl klein ($Re \ll 1$), kann der Trägheitsterm $\rho\left(\tilde{\boldsymbol{v}} \cdot \tilde{\boldsymbol{\nabla}}\right)\tilde{\boldsymbol{v}}$ vernachlässigt werden und es sind nur Strömungslinien „parallel“ zu den Kanalwänden zu erwarten. Bei großen Reynoldszahlen wiederum ($Re \gg 1$) dominieren Trägheitskräfte, was dazu führt, dass an Kanten und Kurven, an welchen eine Strömung entlang der Kanalwand eine größere Änderung der Strömungsrichtung erfahren würde, sich Wirbel ausbilden, um die Gesamtimpulsänderung zu reduzieren. Das Strömungsbild für beide Fälle ist am Beispiel von zwei verbundenen Kanälen mit unterschiedlicher Höhe in Abb. 3.2 dargestellt.

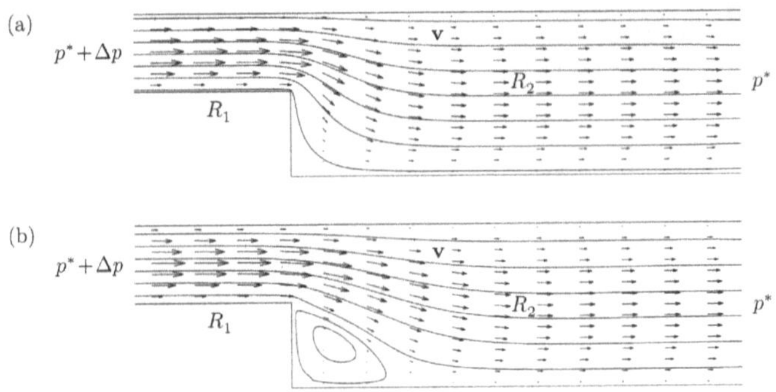


**Abb. 3.2:** Strömungslinien und Geschwindigkeitsvektoren in zwei aufeinander folgenden Kanälen mit unterschiedlicher Höhe, verbunden in der Form einer absteigenden Stufe. Die Strömungslinien und Geschwindigkeitsvektoren sind von Bruus mit COMSOL berechnet. In (a) ist der Fall für eine Reynoldszahl von $Re = 0{,}01 \ll 1$ dargestellt und in (b) ist der Fall für $Re = 100 \gg 1$ dargestellt. $p^*$ bezeichnet den Umgebungsdruck. [63]

Bei der Gestaltung von Mikrofluidiken ist es meist erstrebenswert, die Entstehung von (stationären oder auch nicht stationären) Wirbeln zu vermeiden. Sind die Wirbel stationär, so entstehen Raumbereiche, in denen kaum Volumenaustausch stattfindet, die Strömungsgeschwindigkeit im Zentrum des Wirbels gering ist und sich infolge dessen Partikel, Blasen und andere Fremdkörper vermehrt dort anreichern und ablagern können. Nicht stationäre Wirbel hingegen sorgen für sich zeitlich verändernde Strömungsbedingungen und können dadurch zu unkontrollierten Strömungsänderungen an z.B. Verzweigungen führen und im Falle des µFACS Störungen der Schaltzustände hervorrufen.

Treten keine Verwirbelungen und Querströmungen auf, sodass das Fluid in sich nicht vermischenden „Schichten“ fließt, handelt es sich um eine laminare Strömung. Dies ist insbesondere der Fall für kleinere Reynoldszahlen $Re \ll 1$, schließt aber auch die Fälle größerer Reynoldszahlen mit ein, in denen die gegebenenfalls vorkommenden Wirbel zeitlich stabil sind.

Bei größeren Reynoldszahlen $Re \gg 1$ kommt es bei Störungen zur turbulenten Strömung. Nicht stationäre Wirbel entstehen, welche sich ablösen und sich zumeist mit der Strömungsrichtung fortbewegen. Für gerade Kanäle mit runden Querschnitten wurde eine kritische Reynoldszahl von $Re \approx 2300$ experimentell bestimmt, ab welcher kleinere Störungen ausreichend sind, um Wirbel entstehen zu lassen [63].

**Tab. 3.2:** Laminare Strömungsfelder und Widerstände für verschiedene Kanalquerschnittsgeometrien. Für Querschnittsformen, welche nicht zu stark von den einfachen genannten Geometrien abweichen, kann eine Näherung über die Fläche des Querschnitts $A$ und dessen Umfang $\Omega_A$ verwendet werden [63]. $\Delta p =$ Druckabfall, $\eta =$ dynamische Viskosität, $L =$ Länge des Abschnittes in Flussrichtung, $a, b, h, \omega =$ Außenmaße, $x, y, z, r =$ Koordinate (vgl. Abb. 3.3)

| Kanalquerschnitt | Strömungsfeld $v_x(\boldsymbol{r})$ | Hyd. Widerstand $R_{\text{hyd}}$ |
|---|---|---|
| parallele Platten | $\Delta p/(2\eta L) \cdot (h-z)z$ | $12/(h^3 w) \cdot \eta L$ |
| elliptisch | $\frac{\Delta p}{2\eta L}\frac{a^2 b^2}{a^2+b^2}(1-\rho^2)$, $\rho = \sqrt{(y/a)^2 + (z/b)^2}$ | $\frac{4}{\pi}\frac{1+(b/a)^2}{(b/a)^3}\frac{1}{a^4}\eta L$ |
| rund | $\Delta p(4\eta L) \cdot (a^2 - r^2)$ | $8(\pi a^4) \cdot \eta L$ |
| Stumpfkegel | | $\frac{8}{3\pi(a_2-a_1)}\left(\frac{1}{a_1^3} - \frac{1}{a_2^3}\right)\eta L_0$ |
| dreieckig | $\frac{v_0}{a^3}\left(\frac{\sqrt{3}}{2}a - z\right)(z^2 - 3y^2)$, $v_0 = \frac{1}{2\sqrt{3}}\frac{\Delta p}{\eta L}a^2$ | $\frac{320}{\sqrt{3}a^4}\eta L$ |
| rechteckig | $\frac{4h^2\Delta p}{\pi^3 \eta L}\sum_{n,\text{odd}}^{\infty}\frac{1}{n^3} \cdot \left(1 - \frac{\cosh(n\pi y/h)}{\cosh(n\pi w/2h)}\right)\sin(n\pi z/h)$ | $\approx \frac{12}{(1-0{,}630h/w)}\frac{1}{h^3 w}\eta L$, für $h < w$ |
| andere | – | $\approx 2\eta L \frac{\Omega_A^2}{A^3}$ |

### 3.1.3 Hydrodynamischer Widerstand bei laminarer Strömung

Mit Hilfe der Navier-Stokes-Gleichung (3.1.1) lassen sich die Strömungsfelder für verschiedene Kanalgeometrien bestimmen. Durch die inhomogene Form der Gleichung können nicht für alle Geometrien analytische Lösungen bestimmt werden. Für den Fall inkompressibler Fluide ($\boldsymbol{\nabla} \cdot \boldsymbol{v} = 0$) und kleiner Reynoldszahlen sind zahlreiche analytische Lösungen bekannt. Zeitlich stabile, durch Druck getriebene Strömungen in geraden Kanälen werden Hagen-Poiseuille-Flüsse genannt und sind in Tab. 3.2 mit ihrem jeweiligen Strömungsprofil und hydrodynamischen Widerstand aufgeführt.

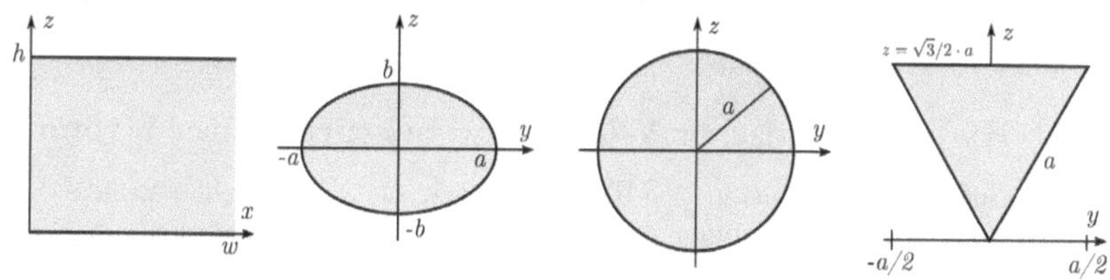


**Abb. 3.3:** Kanalquerschnitte für verschiedene Lösungen des Hagen-Poiseuille-Flusses

Für den Hagen-Poiseuille-Fluss ergibt sich für die in Tab. 3.2 aufgeführten Strömungsfelder, dass ein konstanter Druckabfall $\Delta p$ einen konstanten Volumenstrom $Q$ erzeugt.

Dies kann als Hagen-Poiseuille Gesetz formuliert werden

$$\Delta p = R_{\mathrm{hyd}} Q, \tag{3.1.11}$$

wobei der hydrodynamische Widerstand $R_{\mathrm{hyd}}$ sich aus den geometrischen Eigenschaften des Kanals ableitet und für einige Geometrien in der Tab. 3.2 angegeben ist. Die zugehörigen geometrischen Größen sind in Abb. 3.3 dargestellt. Hervorzuheben ist, dass der hydrodynamische Widerstand für den Hagen-Poiseuille-Fluss proportional zur dynamischen Viskosität $\eta$ und zur Länge $L$ des Kanalabschnittes ist

$$R_{\mathrm{hyd}} \propto \eta \cdot L. \tag{3.1.12}$$

Die dynamische Viskosität $\eta$ ist eine fluidspezifische Größe, durch welche die Fähigkeit eines Fluids beschrieben wird, Impuls quer zur Bewegungsrichtung zu übertragen. Je größer die dynamische Viskosität ist, desto mehr Impuls wird übertragen, weshalb größere Kräfte benötigt werden, um Fluidvolumina gegeneinander zu bewegen. Das Fluid ist zäher, weshalb für $\eta$ auch die Bezeichnung dynamische Zähigkeit üblich ist.

Die Form des Hagen-Poiseuille-Gesetzes ist ganz analog zum Ohm'schen Gesetz $\Delta U = RI$ mit dem Spannungsabfall $\Delta U$ über einen Leiter mit dem elektrischen Widerstand $R$ und dem durch diesen Leiter fließenden elektrischen Strom $I$ zu verstehen. Eine Folge dieser Analogie ist, dass beim Zusammenschluss mehrerer hydrodynamischer Leiter sich die Widerstände der Leitwerte addieren wie in der Elektrizitätslehre:

$$\begin{aligned} R_{\mathrm{hyd}} &= \sum_i R_{\mathrm{hyd,i}} && \text{bei Verbindung in Reihe und} \\ \frac{1}{R_{\mathrm{hyd}}} &= \sum_i \frac{1}{R_{\mathrm{hyd,i}}} && \text{bei paralleler Verbindung.} \end{aligned} \tag{3.1.13}$$

Von dieser Analogie ausgehend, können auch die Kirchhoff'schen Gesetze für den hydrodynamischen Fluss formuliert werden

$$\begin{aligned} \sum_{\text{Knoten i}} Q_{\mathrm{in}} + \sum_{\text{Knoten i}} Q_{\mathrm{out}} &= 0 \text{ und} \\ \sum_{\text{Schleife}} \Delta p &= 0. \end{aligned} \tag{3.1.14}$$

Diese besagen, dass an einem Knoten bzw. einer mikrofluidischen Verzweigung die Summe der ein- und ausströmenden Flüsse sich gegenseitig aufheben und dass entlang einer geschlossenen Schleife die Summe aller Druckabfälle gleich Null ist.

### 3.1.4 Hydrodynamischer Widerstand bei turbulenter Strömung

In einem Flussregime mit einer großen Reynoldszahl $Re \gg 1$ reichen schon kleine Störungen des Flusses, z.B. leichte Krümmungen oder Verformungen der Kanalwand, um Wirbel zu erzeugen. Diese Wirbel binden kinetische Energie aus dem Fluss der Strömung in Form von Rotationsenergie, was im Vergleich zur laminaren Strömung für gleiche Flussgeschwindigkeiten größere Druckdifferenzen erforderlich macht. Der hydrodynamische Widerstand eines Kanals ist bei turbulenter Strömung daher größer als bei laminarer Strömung.

Die Strömung selbst ist dabei zeitlich starken, durch minimale Störungen ausgelösten Veränderungen unterworfen und zeigt ein chaotisches Verhalten. Deshalb ist es nicht wie im laminaren Fall möglich, auf einfache Weise analytische Lösungen für die Widerstandswerte abzuleiten. Für die Rohrreibungszahl $\lambda$ wurden Näherungsformeln aufgestellt. Die Rohrreibungszahl $\lambda$ ermöglicht es, den Druckabfall entlang eines Leitungsabschnitts abzuschätzen, und ist definiert als [64]:

$$\lambda = 2\frac{\mathrm{d}p}{\mathrm{d}x}\frac{d}{\rho v^2} \tag{3.1.15}$$

mit der mittleren Geschwindigkeit $v$, der Dichte $\rho$ und dem Rohrdurchmesser $d$. Der Widerstand für einen Rohrabschnitt lässt sich mithilfe der Rohrreibungszahl berechnen durch

$$R = \frac{\lambda \rho v^2}{2dQ} \cdot L \tag{3.1.16}$$

mit der Abschnittlänge $L$ und dem Volumenstrom $Q$.

Die Rohrreibungszahl $\lambda$ kann angenähert werden durch

$$\lambda = \frac{64}{Re} \quad \text{für laminaren Fluss nach Hagen-Poiseuille,} \tag{3.1.17}$$

$$\lambda = \frac{0{,}3164}{Re^{0{,}25}} \quad \text{für glattes Rohr und } Re < 10^5 \text{ nach Blasius,} \tag{3.1.18}$$

$$\frac{1}{\sqrt{\lambda}} = -2\log_{10}\left(\frac{k}{3{,}71d}\right) \quad \text{für rauhes Rohr, nach Nikuradse.} \tag{3.1.19}$$

Die Näherung nach Blasius gilt hierbei für hydraulisch glatte Rohre, wenn angenommen werden kann, dass die Unebenheiten der Rohrwand von einer viskosen Unterschicht umhüllt sind. In der Berechnung für raue Rohre wird die absolute Rauheit $k$ und der Rohrdurchmesser $d$ verwendet. Wenn das Rohr nicht rund ist, kann der hydraulische Durchmesser $d_h = \frac{4A}{U}$ verwendet werden, mit der Querschnittsfläche $A$ des Stroms und dem benetzten Umfang $U$.

## 3.2 Zeitliche Anforderungen an die Mess- und Sortierrate

Die Anwendung des µFACS ist das Sortieren von Partikeln innerhalb eines Fluidstroms. Abhängig von der anvisierten Analysedauer, dem Analytvolumen und der Partikelkonzentration müssen hierbei verschiedene zeitliche Anforderungen vom µFACS erfüllt sein, um die angestrebten Sortierrichtigkeiten zu erreichen.

Mehrere Faktoren müssen bei der zeitlichen Analyse berücksichtigt werden. Ein Faktor ist die Zusammensetzung der Analytlösung. Im Allgemeinen kann eine gemischte Suspension aus Partikeln der Klassen A und B angenommen werden. Die gesuchten Partikel der Klasse B sollen abgetrennt werden, um z.B. eine Aufkonzentration zu erlangen. Die Partikel der Klasse A sind in der Regel zahlreicher und sollen nicht im abgetrennten Volumen vorkommen. Die maximale gemeinsame Partikelrate der Klassen A und B, welche noch voneinander getrennt werden können, wird bestimmt durch die minimale Zeitdauer, in der die Strömung geschaltet wird. Die maximale Partikelkonzentration der Klasse B wird zusätzlich durch die Totzeit limitiert, in welcher kein nächster Schaltvorgang ausgelöst

**Tab. 3.3:** Typische Verhältnisse von selten vorkommenden Zellen in menschlichen Blutproben [65, 66]. Die Anzahl von Sepsis-Erregern im Blut entspricht der geschätzten unteren Nachweisgrenze für das Nachweisverfahren der Blutkultur.

| Zielzellen | Probevolumen | Verhältnis Ziel- zu Blutzellen | |
|---|---|---|---|
| Sepsis-Erreger | 10 ml Vollblut | $\geq 3$ | in $4{,}8 - 5{,}8 \cdot 10^{10}$ |
| zirkulierende Tumorzellen (CTC) | 1 ml Vollblut | 1-10 | in $4{,}8 - 5{,}8 \cdot 10^{9}$ |
| endotheliale Vorläuferzellen (EPC) | 10 ml Vollblut | 10-100 | in $4{,}8 - 5{,}8 \cdot 10^{9}$ |

werden kann. Verzögerungszeiten zwischen Detektion, Auslösen des Schaltvorgangs und geschaltetem Strom können bei der Gestaltung der Mikrofluidik in Form von Verzögerungsstrecken, dem Abstand zwischen Detektion und Schalter, und elektronisch durch Verzögerungszeiten zwischen Auslösesignalen berücksichtigt werden.

Typische Verhältnisse von gesuchten Zellen zu Blutzellen in Blutproben sind in der Größenordnung $1 : 10^8$ bis $1 : 10^{10}$, vgl. Tab. 3.3. Die aufgelisteten Zelltypen sind insbesondere für neue Diagnose- und Therapieverfahren von Interesse. Sepsis-Erreger zu isolieren, ermöglicht eine schnellere Diagnose und Erstellung eines patientenspezifischen Antibiogramms. Das Isolieren von zirkulierenden Tumorzellen, engl. *circulating tumor cells* (CTC), ermöglicht die Diagnose verschiedener Krebstypen und die Bestimmung der patientenspezifischen Wirksamkeit von Zytostatika. Endotheliale Vorläuferzellen, engl. *endothelial progenitor cells* (EPC), sind noch nicht ausproliferierte Endothelzellen der Gefäßwand und sind im Körper bei der Regeneration und Neubildung von Gefäßen beteiligt. Eine Transplantation von EPC ist vielversprechend als Therapie, um durchblutungsgeschädigtes Gewebe zu heilen oder beim Tissue Engineering die Gefäßversorgung von neugebildetem Gewebe zu erzielen.

Ein besonderer Fokus liegt auf der Zeitspanne, innerhalb welcher der Sortiervorgang abgeschlossen wird. Innerhalb eines Sortiervorgangs soll nur ein einzelnes Partikel sortiert werden. Bei einer statistischen Verteilung der Partikel innerhalb der Analytlösung kann nicht ausgeschlossen werden, dass Partikel vorhanden sind, die sich in unmittelbarer Nachbarschaft von anderen Partikeln befinden und sich daher nicht separieren lassen. Dies führt zu einer Fehlerwahrscheinlichkeit $P_\alpha$, dass ein nicht gewolltes Partikel mitsortiert wird.

Unter der Annahme, dass die Partikel unabhängig voneinander die Mikrofluidik passieren, kann die Wahrscheinlichkeit, mit welcher $n$ Partikel in dem Zeitintervall $\tau$ einen Ort in der Mikrofluidik passieren, durch die Poisson-Verteilung $P_{\bar{n}}(n)$ beschrieben werden. Dieser Ort kann zum Beispiel der Detektionsort, die Düse bei der hydrodynamischen Fokussierung oder ein Ort innerhalb des Schaltbereichs sein.

Die Wahrscheinlichkeit $P_{\bar{n}}(n > 1)$, dass in einer Zeitdauer $\tau$ mehr als ein Partikel eine Stelle der Mikrofluidik passieren, berechnet sich mit

$$P_{\bar{n}}(n > 1) = 1 - P_{\bar{n}}(0) - P_{\bar{n}}(1), \tag{3.2.1}$$

wobei die mittlere Partikelanzahl $\bar{n}$ sich durch $\bar{n} = Q_\mathrm{A} \cdot c_\mathrm{Part} \cdot \tau$ mit dem Volumenstrom des Analyten $Q_\mathrm{A}$ und der Gesamtpartikelkonzentration $c_\mathrm{Part}$ berechnet und die Poisson-

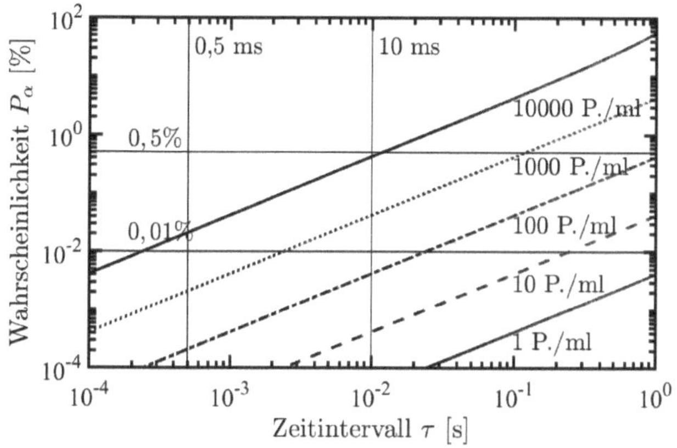


**Abb. 3.4:** Wahrscheinlichkeit, mit welcher ein Partikel innerhalb eines Zeitintervalls $\tau$ nicht einzeln einen Ort, z.B. den Detektions- oder Schaltort, passiert für einen Volumenstrom von $Q_A = 5\,\mu l/min$

verteilung durch

$$P_{\bar{n}}(n) = \frac{\bar{n}}{n!}e^{-\bar{n}} \tag{3.2.2}$$

gegeben ist. Für jedes Partikel gilt somit für eine mittlere Partikelanzahl $\bar{n}$ die Wahrscheinlichkeit $P_\alpha$, einen Ort nicht einzeln zu passieren

$$P_\alpha = \frac{P_{\bar{n}}(n > 1)}{P_{\bar{n}}(1)} = \frac{1 - P_{\bar{n}}(0) - P_{\bar{n}}(1)}{P_{\bar{n}}(1)}. \tag{3.2.3}$$

Typische Partikelkonzentrationen sind $10^4\,ml^{-1} < c_{Part} < 10^7\,ml^{-1}$. Für eine Volumenrate von $5\,\mu l/min < Q_A < 30\,\mu l/min$ und einen Fehler von $P_\alpha = 5\%$ sind Schaltzeiten von $19\,\mu s < \tau < 110\,ms$ notwendig. Für die in Tab. 3.3 aufgeführten klinischen Beispiele muss die Zellkonzentration reduziert werden, auch um eine Verstopfung der Fluidiken zu verhindern. Dies kann zum Beispiel durch Verdünnung oder Abtrennen der roten Blutkörperchen geschehen.

In den meisten Fällen ist eine Aufkonzentration von seltenen Zellen gefordert, bei welcher das Vorhandensein von anderen Zellen wie z.B. den Hauptbestandteilen des Bluts zwar nicht erwünscht, jedoch auch nicht kritisch für die Anwendung ist. Im speziellen Fall der Sepsis ist aufgrund der Möglichkeit einer Doppelinfektion durch zwei verschiedene Erreger die Notwendigkeit gegeben, die Zellen dieser beiden Erreger mit einem geringen Fehler $P_\alpha$ voneinander zu trennen. Dies ist notwendig, um die Erreger getrennt voneinander weiteruntersuchen zu können, ohne dass diese sich gegenseitig negativ beeinflussen oder unterdrücken.

Für einen typischen Volumenstrom von $Q_A = 5\,\mu l/min$ und Partikelkonzentrationen zwischen 1, 10, 100, 1 000 und 10 000 Partikel/ml sind die Wahrscheinlichkeiten $P_\alpha$ in Abb. 3.4 dargestellt.

## 3.3 Kalorisches Schalten

Der erste kalorische Schalter in einer Mikrofluidik wurde 1998 von Schulz et al. demonstriert [54]. Mit elektrischen Heizelementen wurden einzelne Abschnitte einer Mikrofluidik erwärmt, um einen hydrodynamisch fokussierten Analytstroms zu schalten.

### 3.3.1 Aufbauschema

In Abb. 3.5 ist ein Schema des zugrunde liegenden opto-kalorischen Schalterprinzips dargestellt. Es gibt zwei Volumenstromquellen: Eine Quelle für den Analytstrom $Q_{\mathrm{A}}$, der die zu sortierenden Partikel beinhaltet, und eine Quelle für den Hüllstrom. Der Hüllstrom wird kurz vor dem Schaltort in zwei Ströme $Q_{\mathrm{I}}$ und $Q_{\mathrm{II}}$ aufgeteilt. Diese müssen jeweils einen Bereich mit erhöhtem hydrodynamischen Widerstand passieren (Bereich I und II), der bei der Gestaltung so ausgelegt wurde, dass sich ein bestimmtes Verhältnis dieser Hüllströme einstellt. Die Hüllströme treffen an dem Schaltort von gegenüberliegenden Seiten auf den Analytstrom und erzeugen eine hydrodynamische Fokussierung.

Die Strömungsbedingungen werden so eingestellt, dass eine laminare Strömung herrscht, damit die Fluidströmungen weitestgehend für sich erhalten bleiben und nur eine geringe Durchmischung durch Diffusion stattfindet. Stromabwärts teilt sich an einer Y-Verzweigung der Gesamtstrom in den Sammelstrom und den Ausschussstrom auf. Der weitere Kanalverlauf ist so gestaltet, dass Sammelstrom und Ausschussstrom gleich groß ausfallen. Befindet sich der fluidische Schalter im ungeschalteten Zustand, fließt im idealen Fall der gesamte Analytstrom in den Ausschussstrom, wie in Abb. 3.5 (a) dargestellt. Im geschalteten Zustand hingegen fließt der gesamte Analytstrom $Q_{\mathrm{A}}$ in den Sammelstrom, Abb. 3.5 (b).

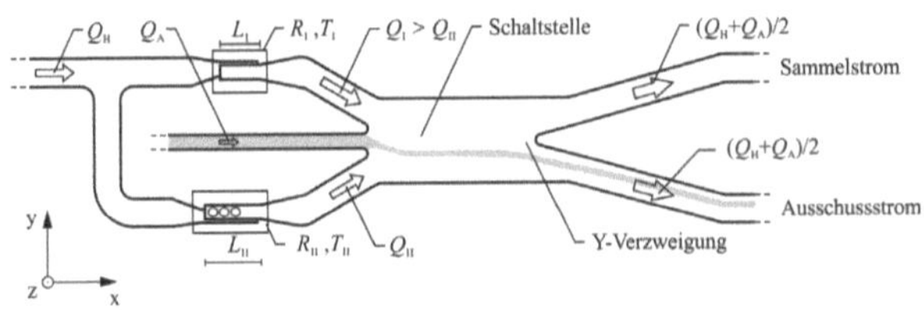


(a) ungeschalteter Zustand

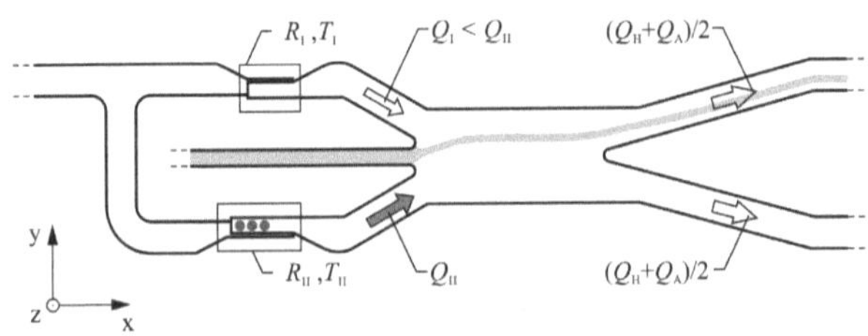


(b) geschalteter Zustand

**Abb. 3.5:** Schematische Darstellung eines opto-kalorischen Schalters zum mikrofluidischen Schalten. $Q_{\mathrm{H}}$ Hüllvolumenstrom, $Q_{\mathrm{A}}$ Analytvolumenstrom; $L_{\mathrm{I}}, L_{\mathrm{II}}$ Länge Engstelle; $R_{\mathrm{I}}, R_{\mathrm{II}}$ hydrodyn. Widerstand; $T_{\mathrm{I}}, T_{\mathrm{II}}$ Temperatur; $Q_{\mathrm{I}}, Q_{\mathrm{I}}$ Hüllvolumenstrom. Nach [56]

Die sich in den Zuläufen der Hüllströme befindlichen zwei Bereiche I und II besitzen im Vergleich zur restlichen Mikrofluidik erhöhte hydrodynamische Widerstände $R_\text{I}$ und $R_\text{II}$. In den Abb. 3.5 (a) und (b) sind diese durch Rechtecke gekennzeichnet. Zum Initiieren des Schaltens wird im Bereich II durch Energieeintrag das Fluid lokal erwärmt.

Wird ein wässriges Fluid eingesetzt, hat die Erwärmung zwei wesentliche Auswirkungen auf das Fluid. Bei Ausgangstemperaturen von größer 4 °C tritt eine thermische Expansion auf und die dynamische Viskosität $\eta$ nimmt ab. Beides hat einen Einfluss auf die Größe des Hüllvolumenstroms $Q_\text{i}$ ($\text{i} = I, II$):

$$\begin{aligned} \mathrm{d}Q_\text{i} &= \frac{\partial Q_\text{i}}{\partial T_\text{i}} \mathrm{d}T_\text{i} && (3.3.1)\\ &= \frac{\partial Q_\text{i}}{\partial \rho}\frac{\partial \rho}{\partial T_\text{i}} \mathrm{d}T_\text{i} + \frac{\partial Q_\text{i}}{\partial \eta}\frac{\partial \eta}{\partial T_\text{i}} \mathrm{d}T_\text{i} && (3.3.2)\\ &= \mathrm{d}Q_{\text{i}\rho} + \mathrm{d}Q_{\text{i}\eta} && (3.3.3) \end{aligned}$$

mit $T_\text{I}, T_\text{II}$ Temperatur im Bereich I, II (vgl. Abb. 3.5, 3.6). Das zugrunde liegende Konzept wird im nächsten Abschnitt näher untersucht.

### 3.3.2 Hydrodynamisches Konzept

Das Grundkonzept sieht vor, durch eine Änderung der Differenz der Volumenströme $\Delta Q_\text{H} = Q_\text{II} - Q_\text{I}$ den Analytstrom umzulenken. Für den Zustand des Schalters gilt im Bezug auf $\Delta Q_\text{H}$:

$$\begin{aligned} &\Delta Q_\text{H} < 0, \text{ nicht geschaltet (vgl. Abb. 3.5(a))}, && (3.3.4)\\ &\Delta Q_\text{H} > 0, \text{ geschaltet (vgl. Abb. 3.5(b))}. && (3.3.5) \end{aligned}$$

Im Folgenden wird diese Differenz analysiert. Es gibt zwei gängige Methoden, um die zu- und ablaufenden Volumenströme einer Mikrofluidik einzustellen. Entweder wird zwischen den Ein- und Ausgängen ein bestimmtes Druckgefälle erzeugt, z.B. durch erhöht gelagerte Quellvolumenreservoire oder durch gezieltes Unterdrucksetzen der Quell- und Auffangreservoire, oder der Volumenstrom selbst wird konstant gehalten, zum Beispiel durch die Verwendung von Spritzen- oder Peristaltikpumpen.

#### Konstanter Druckabfall

Wird der Druckabfall $\Delta p = p_\text{E} - p_\text{A}$ über die Engstellen und den Schaltort konstant gehalten, können die beiden Zweige I und II getrennt betrachtet werden. In Abb. 3.6 (b) ist das Ersatzschaltbild der Mikrofluidik für den Hüllstromzulauf dargestellt. Die Widerstände $R_\text{I}$ und $R_\text{II}$ bezeichnen den Anteil des Widerstands, der an den Engstellen entsteht und der – im Falle von $R_\text{II}$ – durch lokale Erwärmung zeitlich veränderlich ist. Die Widerstände $R_\text{N}$ bezeichnen den unveränderlichen Anteil, der durch die breiteren Kanalabschnitte zwischen den Engstellen und den Verzweigungen hervorgerufen wird.

Die durch das Schalten erzeugbare Volumenstromdifferenz $\Delta Q_\text{S} = \Delta Q_\text{H}^{t1} - \Delta Q_\text{H}^{t0}$ mit den Zeipunkten $t0$ (nicht geschaltet) und $t1$ (geschaltet) macht die Schaltwirkung aus. Ist dieser Volumenstrom besonders groß, kann der Analytstrom besonders weit verschoben werden und ein größerer (breiterer) Analytvolumenstrom $Q_\text{A}$ kann vollständig umgelenkt werden.

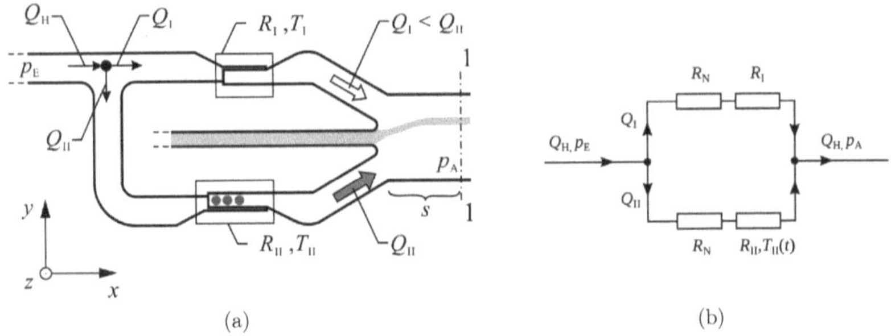


**Abb. 3.6:** Darstellung des hydrodynamischen Grundkonzepts a) als Fluidsystem und b) im Ersatzschaltbild. $p_A, p_E$ Druck am Ein- und Auslauf, $R_N$ Nebenwiderstände, $s$ Ausgleichsstrecke

Bei konstantem Druckabfall sind die Volumenströme $Q_I$ und $Q_{II}$ unabhängig voneinander und $Q_I$ unterliegt keiner Änderung $\Delta Q_I = Q_I^{t1} - Q_I^{t0} = 0$. Für eine auf $Q_{II}^{t0}$ normierte erzeugbare Volumenstromdifferenz $\Delta Q_s$ ergibt sich somit

$$
\begin{aligned}
\Delta Q_s/Q_{II}^{t0} &= \left(\Delta Q_H^{t1} - \Delta Q_H^{t0}\right)/Q_{II}^{t0} && (3.3.6)\\
&= \left[\left(Q_{II}^{t1} - Q_I^{t1}\right) - \left(Q_{II}^{t0} - Q_I^{t0}\right)\right]/Q_{II}^{t0} && (3.3.7)\\
&= \left[\left(Q_{II}^{t1} - Q_{II}^{t0}\right) - \left(Q_I^{t1} - Q_I^{t0}\right)\right]/Q_{II}^{t0} && (3.3.8)\\
&= \left(Q_{II}^{t1} - Q_{II}^{t0}\right)/Q_{II}^{t0} && (3.3.9)\\
&= Q_{II}^{t1}/Q_{II}^{t0} - 1. && (3.3.10)
\end{aligned}
$$

Wir nehmen eine laminare Strömung an und können den Volumenstrom im Zweig II mit den Zusammenhängen (3.1.11) und (3.1.14) als

$$Q_{II} = \frac{\Delta p}{R_{II} + R_N} \tag{3.3.11}$$

formulieren. Für die erzeugbare Volumenstromdifferenz zwischen den Zeitpunkten $t_0$ und $t_1$ ergibt sich

$$
\begin{aligned}
\Delta Q_s/Q_{II}^{t0} &= \frac{\Delta p \cdot \left(R_{II}^{t_0} + R_N\right)}{\Delta p \cdot \left(R_{II}^{t_1} + R_N\right)} - 1 && (3.3.12)\\
&= \frac{\left(R_{II}^{t_0} + R_N\right)}{\left(R_{II}^{t_1} + R_N\right)} - 1. && (3.3.13)
\end{aligned}
$$

Um eine anteilig maximale Veränderung der Volumenströme und somit eine maximale Schaltwirkung zu erzielen, müssen die unveränderlichen Widerstände $R_N$ der Leitungen zwischen den Engstellen und den Verzweigungen minimiert werden und der Unterschied der Widerstände $R_{II}^{t0} > R_{II}^{t1}$ maximiert werden.

### Konstanter Volumenstrom

Wird der Volumenstrom $Q_{\mathrm{H}}$ konstant gehalten, kann sich der Volumenstrom $Q_{\mathrm{II}}$ nur verändern, wenn sich der Volumenstrom im anderen Zweig $Q_{\mathrm{I}}$ entgegengesetzt verändert

$$\begin{aligned} Q_{\mathrm{H}} &= const. \\ &= Q_{\mathrm{I}}^{t0} + Q_{\mathrm{II}}^{t0} \\ &= Q_{\mathrm{I}}^{t1} + Q_{\mathrm{II}}^{t1} \\ \Rightarrow \Delta Q_{\mathrm{I}} &= -\Delta Q_{\mathrm{II}}. \end{aligned} \tag{3.3.14}$$

Für die erzeugbare Volumenstromdifferenz $\Delta Q_{\mathrm{S}}$ ergibt sich somit

$$\Delta Q_{\mathrm{s}}/Q_{\mathrm{II}}^{t0} = \left(\Delta Q_{\mathrm{H}}^{t1} - \Delta Q_{\mathrm{H}}^{t0}\right)/Q_{\mathrm{II}}^{t0} \tag{3.3.15}$$

$$= \left[\left(Q_{\mathrm{II}}^{t1} - Q_{\mathrm{I}}^{t1}\right) - \left(Q_{\mathrm{II}}^{t0} - Q_{\mathrm{I}}^{t0}\right)\right]/Q_{\mathrm{II}}^{t0} \tag{3.3.16}$$

$$\begin{aligned} &= \left(\Delta Q_{\mathrm{II}} - \Delta Q_{\mathrm{I}}\right)/Q_{\mathrm{II}}^{t0} \\ &= 2 \cdot \Delta Q_{\mathrm{II}}/Q_{\mathrm{II}}^{t0} \\ &= 2 \cdot \left(Q_{\mathrm{II}}^{t1}/Q_{\mathrm{II}}^{t0} - 1\right). \end{aligned} \tag{3.3.17}$$

Mit dem Zusammenhang für den Gesamtvolumenstrom $Q_{\mathrm{H}}$

$$Q_{\mathrm{H}} = Q_{\mathrm{I}} + Q_{\mathrm{II}} \tag{3.3.18}$$

$$= \frac{\Delta p}{R_{\mathrm{I}} + R_{\mathrm{N}}} + \frac{\Delta p}{R_{\mathrm{II}} + R_{\mathrm{N}}} \tag{3.3.19}$$

kann für $Q_{\mathrm{H}}$ und $Q_{\mathrm{II}}$ die Beziehung

$$\frac{Q_{\mathrm{II}}}{Q_{\mathrm{H}}} = \frac{\Delta p/\left(R_{\mathrm{II}} + R_{\mathrm{N}}\right)}{\Delta p \cdot \left(1/\left(R_{\mathrm{I}} + R_{\mathrm{N}}\right) + 1/\left(R_{\mathrm{II}} + R_{\mathrm{N}}\right)\right)} \tag{3.3.20}$$

$$= \frac{\left(R_{\mathrm{I}} + R_{\mathrm{N}}\right)}{\left(R_{\mathrm{I}} + R_{\mathrm{N}}\right) + \left(R_{\mathrm{II}} + R_{\mathrm{N}}\right)} \tag{3.3.21}$$

aufgestellt werden. Für zwei Zeitpunkte ergibt sich für $Q_{\mathrm{II}}$ unter der Annahme, dass $R_{\mathrm{I}}$ sich zeitlich nicht ändert

$$\frac{Q_{\mathrm{II}}^{t1}}{Q_{\mathrm{II}}^{t0}} = \frac{\left(R_{\mathrm{I}} + R_{\mathrm{N}}\right)}{\left(R_{\mathrm{I}} + R_{\mathrm{N}}\right) + \left(R_{\mathrm{II}}^{t1} + R_{\mathrm{N}}\right)} \cdot \frac{\left(R_{\mathrm{I}} + R_{\mathrm{N}}\right) + \left(R_{\mathrm{II}}^{t0} + R_{\mathrm{N}}\right)}{\left(R_{\mathrm{I}} + R_{\mathrm{N}}\right)} \tag{3.3.22}$$

$$= \frac{R_{\mathrm{II}}^{t0} + R_{\mathrm{I}} + 2R_{\mathrm{N}}}{R_{\mathrm{II}}^{t1} + R_{\mathrm{I}} + 2R_{\mathrm{N}}}. \tag{3.3.23}$$

Somit ist die relative erzeugbare Volumenstromdifferenz $\Delta Q_{\mathrm{S}}/Q_{\mathrm{II}}^{t0}$ gegeben mit

$$\begin{aligned} \Delta Q_{\mathrm{S}}/Q_{\mathrm{II}}^{t0} &= 2 \cdot \left(Q_{\mathrm{II}}^{t1}/Q_{\mathrm{II}}^{t0} - 1\right) \\ &= 2 \cdot \left(\frac{R_{\mathrm{II}}^{t0} + R_{\mathrm{I}} + 2R_{\mathrm{N}}}{R_{\mathrm{II}}^{t1} + R_{\mathrm{I}} + 2R_{\mathrm{N}}} - 1\right). \end{aligned} \tag{3.3.24}$$

Ein Vergleich der zwei Modelle für konstanten Druckabfall und konstanten Fluss bei vernachlässigtem Nebenwiderstand $R_{\mathrm{N}}$ ergibt einen nur geringen Vorteil für den Fall des

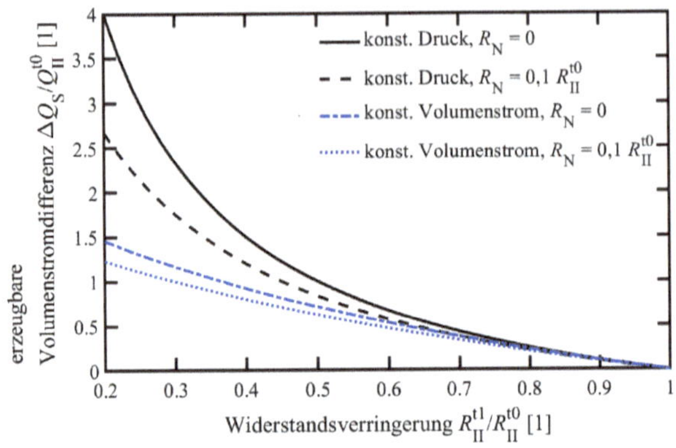


**Abb. 3.7:** Die erzeugbare Volumenstromdifferenz für verschiedene Widerstandsverringerungen im Bereich zwischen 0,2 bis 1,0 des Anfangswiderstands. Für Wasser entspricht dies zum Beispiel ungefähr einer Erhöhung der Temperatur von 0°C auf bis zu 100 °C

konstanten Druckabfalls von $\Delta Q_S/Q_{II}^{t0} = 0{,}25$ gegenüber der durch den konstanten Volumenstrom mit $\Delta Q_S/Q_{II}^{t0} = 0{,}24$ erzeugbaren Volumenstromdifferenz bei geringen Widerstandsänderungen von $R_{II}^{t_1} = 0{,}8 \cdot R_{II}^{t_0}$, was einer Temperaturerhöhung von 20°C auf 30°C entspräche, und größere Vorteile von 1,5 zu 4 bei einer Widerstandsänderung von $R_{II}^{t_1} = 0{,}2 \cdot R_{II}^{t_0}$, was einer Temperaturerhöhung von ca. 0°C auf 100°C entspräche, vgl. Abb. 3.7. Im Realfall wirken flexible Kanal- und Schlauchabschnitte wie Kapazitäten, welche Druckabfälle glätten, und die träge Masse des Fluids wie eine Induktivität, welche Volumenstromänderungen entgegenwirkt, weshalb im Experiment zumeist eine Mischform der beiden betrachteten Grenzfälle vorliegt.

### Amplitude und Volumenströme

Die dem Schaltvorgang zugrunde liegenden Volumenströme $Q_I$ und $Q_{II}$ sind einer Messung nicht direkt zugänglich. Wird der Analytstrom jedoch angefärbt, können der Stromverlauf nach Vereinigung der Ströme an der Düse und seine Änderung beim Schalten gemessen werden. Im Kapitel 5.1.1 wird die Methodik der Messung hierzu erläutert.

In Abb. 3.8 ist die Position des Analytstroms im Schnittbild des in Abb. 3.6 eingezeichneten Schnittes 1-1 dargestellt. Dies ist der Ort, an dem die Amplitude $A$ der Verschiebung des Analytstroms bestimmt wird. Vereinfachend wird angenommen, dass die Volumenströme $Q_I$ und $Q_{II}$ durch Flächen strömen, welche durch eine senkrechte Linie – hier strichliert eingezeichnet – voneinander getrennt werden können. Zusätzlich wird angenommen, dass der Analytstrom durch eine kreisförmige Fläche fließt und die senkrechte Linie den Mittelpunkt dieses Kreises schneidet.

Mit der Annahme, dass sich an diesem Ort ein Hagen-Poiseuille-Fluss ausgebildet hat, kann ein mathematischer Zusammenhang zwischen der Amplitude $A$ und den Volumenströmen $Q_I$ und $Q_{II}$ formuliert werden.

1-1

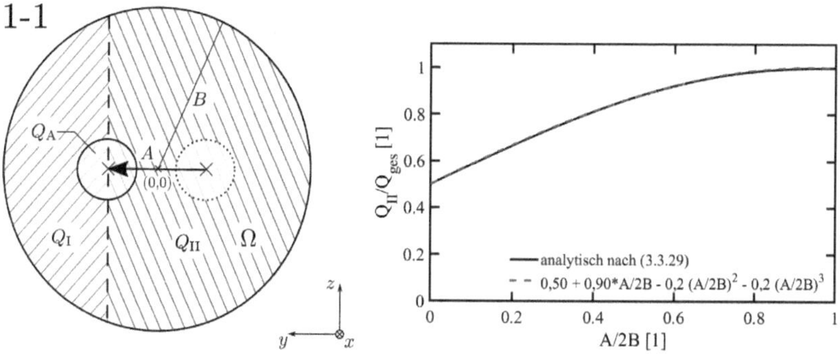


(a) (b)

**Abb. 3.8:** Schema zur Bestimmung des Zusammenhangs der Amplitude $A$ und den Volumenströmen $Q_\mathrm{I}$ und $Q_\mathrm{II}$. In (a) ist die Position des Analytstroms $Q_\mathrm{A}$ eingezeichnet mit der vereinfachten Trennungslinie der Volumenströme $Q_\mathrm{I}$ und $Q_\mathrm{II}$ (strichlierte, vertikale Linie) und in (b) ist der Verlauf von $Q_\mathrm{II}$ in Bezug auf die Auslenkung $A$ abgebildet.

Für den Volumenstrom $Q_\mathrm{II}$ gilt

$$Q_\mathrm{II} = \int_\Omega v(y,z)\mathrm{d}z\mathrm{d}y \text{ mit dem Strömungsfeld } v(r) = \frac{2Q_\mathrm{ges}}{\pi B^4}(B^2 - r^2) \tag{3.3.25}$$

$$= \int_{-B}^{A/2} \int_0^{\sqrt{B^2-y^2}} \frac{4Q_\mathrm{ges}}{\pi B^4}(B^2 - y^2 - z^2)\mathrm{d}z\mathrm{d}y \tag{3.3.26}$$

$$= \frac{4Q_\mathrm{ges}}{\pi B^4} \int_{-B}^{A/2} \left(B^2\sqrt{B^2-y^2} - y^2\sqrt{B^2-y^2} - 1/3\left(B^2-y^2\right)^{\frac{3}{2}}\right)\mathrm{d}y, \tag{3.3.27}$$

wobei $Q_\mathrm{ges} = Q_\mathrm{I} + Q_\mathrm{II} + Q_\mathrm{A}$ den Gesamtvolumenstrom bezeichnet. Mit der Substitution $y = B\sin\alpha$ und $\mathrm{d}y = B\cos\alpha\mathrm{d}\alpha$ ergibt sich

$$Q_\mathrm{II} = \frac{4Q_\mathrm{ges}}{\pi B^4} \int_{-\pi/2}^{\arcsin A/2B} \left(B^4\cos^2\alpha - B^4\sin^2\alpha\cos^2\alpha - 1/3B^4\cos^4\alpha\right)\mathrm{d}\alpha \tag{3.3.28}$$

$$= \frac{Q_\mathrm{ges}}{\pi}\left(\pi/2 + \arcsin\frac{A/2}{B} + \sqrt{1 - \frac{(A/2)^2}{B^2}}\frac{A/2}{B} + 2/3\left(1 - \frac{(A/2)^2}{B^2}\right)^{\frac{3}{2}}\frac{A/2}{B}\right). \tag{3.3.29}$$

Numerisch lässt sich die Gleichung 3.3.29 durch ein Polynom dritten Grades annähern, vgl. auch Abb. 3.8(b):

$$Q_\mathrm{II}/Q_\mathrm{ges} = 0{,}50 + 0{,}90 \cdot \frac{A}{2B} - 0{,}20 \cdot \left(\frac{A}{2B}\right)^2 - 0{,}20 \cdot \left(\frac{A}{2B}\right)^3. \tag{3.3.30}$$

Wird im dynamischen Schaltprozess die Auslenkung gemessen, kann der Maximalwert – die Schaltamplitude $A_\mathrm{S}$ – bestimmt werden. Eine Methode, wie diese im Experiment ermittelt werden kann, wird im Kapitel 5 vorgestellt.

Mit dieser Schaltamplitude $A_\mathrm{S}$ und der Annahme eines symmetrischen Schaltprozesses $Q_\mathrm{I}^\mathrm{t0} = Q_\mathrm{II}^\mathrm{t1}$ kann mit 3.3.30 die maximal erzeugbare Volumenstromdifferenz $\Delta Q_\mathrm{s}/Q_\mathrm{II}^\mathrm{t0}$

bestimmt werden:

$$\Delta Q_s/Q_{\text{II}}^{\text{t0}} = \frac{2Q_{\text{II}}^{\text{t1}} - Q_{\text{ges}}}{Q_{\text{ges}} - Q_{\text{II}}^{\text{t1}}} \tag{3.3.31}$$

$$= \frac{2Q_{\text{II}}^{\text{t1}}/Q_{\text{ges}} - 1}{1 - Q_{\text{II}}^{\text{t1}}/Q_{\text{ges}}}. \tag{3.3.32}$$

### Maximal schaltbare Analytrate

Die maximale schaltbare Analytrate $Q_{\text{A,max}}$ ist die Volumenrate des Analytstroms, welche bei einem Satz von Parametern gerade noch vollständig geschaltet werden kann. Ziel ist es, eine große maximale Analytrate zu ermöglichen, um einen großen Durchsatz zu erzielen, oder das Prozessfenster größer und den Schaltprozess somit stabiler gegenüber störenden Einflüssen zu gestalten.

Durch die im vorigen Abschnitt eingeführte Schaltamplitude $A_{\text{S}}$ kann die Auslenkung des Analytstroms bei einem Satz von Parametern (Hüllvolumenstrom $Q_{\text{H}}$, Analytstrom $Q_{\text{A}}$ und Heizleistung $P_{\text{heiz}}$) experimentell bestimmt werden. Durch die Kenntnis der Geometrie des Schaltorts und mit der Näherung, dass die Strömungsbedingungen dem Hagen-Poiseuille-Fluss für die vorliegenden Kanalquerschnitte entsprechen, kann die maximal schaltbare Analytrate $Q_{\text{A,max}}$ bestimmt werden. Die im Folgenden untersuchte Mikrofluidik hat am Schaltort einen näherungsweise runden Kanalquerschnitt.

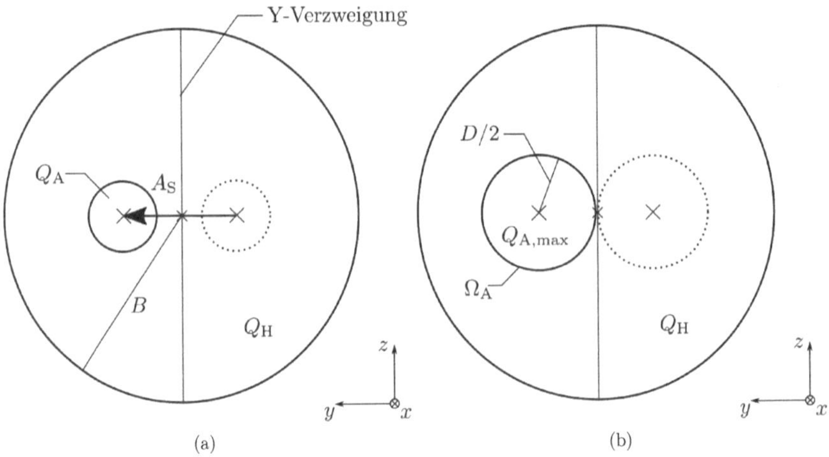


**Abb. 3.9:** Schema zur Bestimmung der maximalen schaltbaren Volumenrate des Analytstroms $Q_{\text{A,max}}$. In (a) ist der experimentell untersuchte geschaltete Zustand mit einer Analytrate von $Q_{\text{A}}$ und in (b) ist der abgeschätzte Zustand für die maximale Analytrate $Q_{\text{A,max}}$ dargestellt. $Q_{\text{A}}$ Analytvolumenstrom, $A_{\text{S}}$ Schaltamplitude, $B$ Kanalradius, $Q_{\text{H}}$ Hüllvolumenstrom, $D$ Durchmesser des maximalen Analytvolumenstroms. Nach [56]

Abbildung 3.9 (a) zeigt schematisch den angenommenen Querschnitt der idealisierten Strömung. Durch die 3-dimensionale hydrodynamische Fokussierung ist der Analytstrom $Q_{\text{A}}$ mit einem angenommenen runden Querschnitt umgeben vom Hüllstrom $Q_{\text{H}}$. Im ungeschalteten Zustand (gepunkteter Kreis) befindet sich der Analytstrom rechtsseitig der trennenden Kante der Y-Verzweigung (senkrechte Linie) und im geschalteten Zustand linksseitig. Die $y$-Verschiebung des Analytstroms vom ungeschalteten hin zum geschalteten Zustand ist die maximale Schaltamplitude $A_\mathrm{S}$. Für den Fall der maximalen Analytrate $Q_{\mathrm{A,max}}$ darf die Querschnittsfläche $\Omega_\mathrm{A}$ des Analytstroms bis zur Kante der Y-Verzweigung reichen, wie in (b) dargestellt.

Unter der Annahme, dass der Mittelpunkt des Analytstroms $Q_\mathrm{A}$ bei Änderung seiner Flussrate konstant bleibt und dass ein eventuell nötiger $y$-Versatz des ungeschalteten Analytstroms durch Anpassung der Mikrofluidik möglich ist, folgt, dass der Durchmesser der Querschnittfläche des maximalen Analytstroms $D_{\mathrm{A,max}}$ gleich der maximalen Schaltamplitude $A_\mathrm{S}$ ist.

Die maximale Analytrate $Q_{\mathrm{A,max}}$ errechnen wir durch Integration des Strömungsfeldes $\boldsymbol{v}(\boldsymbol{r})$ über die Querschnittsfläche $\Omega$ unter Berücksichtigung, dass das Integral über die Gesamtfläche mit dem Durchmesser $2B$ der Volumenrate $Q_{\mathrm{ges}} = Q_\mathrm{A} + Q_\mathrm{H}$ entsprechen muss. Die entsprechenden geometrischen Größen sind in der Abb. 3.10 benannt und die Größe $A$ entspricht der halben Schaltamplitude $A_\mathrm{S}$. Mit

$$Q_{\mathrm{A,max}} = \int_\Omega v(r)\mathrm{d}a, \text{ mit } v(\boldsymbol{r}) = v(r)\cdot \boldsymbol{e}_x \text{ und } \mathrm{d}\boldsymbol{a} = \mathrm{d}a\cdot \boldsymbol{e}_x \tag{3.3.33}$$

$$= \int_\Omega v(\|\boldsymbol{A} + \boldsymbol{r}'\|)\mathrm{d}a \tag{3.3.34}$$

$$= \int_0^{D/2}\int_0^{\pi} v(\sqrt{A^2 + r'^2 + 2Ar'\cos(\alpha)})\cdot 2r'\mathrm{d}\alpha\mathrm{d}r' \tag{3.3.35}$$

und dem Geschwindigkeitsfeld aus Tab. 3.2 für einen runden Kanalquerschnitt $v(r) = \Delta p/4\eta L\cdot(B^2 - r^2)$ mit dem Radius $B$ ergibt sich

$$Q_{\mathrm{A,max}} = \frac{\Delta p}{4\eta L}\int_0^{D/2}\int_0^{\pi}\left[B^2 - \left(A^2 + r'^2 + 2Ar'\cos(\alpha)\right)\right]\cdot 2r'\mathrm{d}\alpha\mathrm{d}r' \tag{3.3.36}$$

$$= \frac{\pi\Delta p}{4\eta L}\cdot\left(1/4\cdot B^2D^2 - 1/4\cdot A^2D^2 - 1/32\cdot D^4\right). \tag{3.3.37}$$

Die geometrischen Größen für die Integration sind in Abb. 3.10 dargestellt. Für $A = 0$

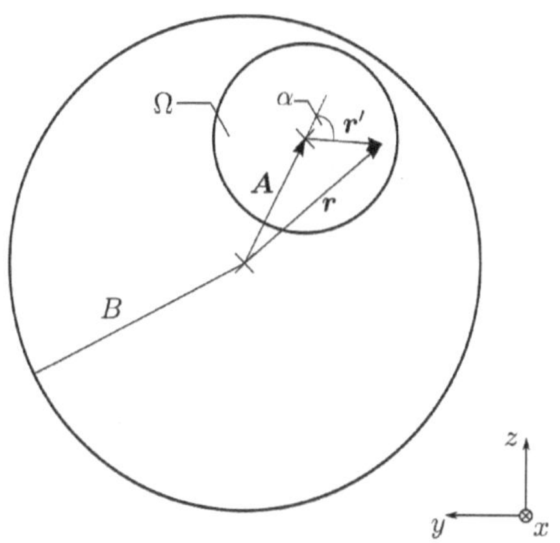


**Abb. 3.10:** Integrationsschema zur Abschätzung der maximalen Analytrate

und $D/2 = B$ muss (3.3.37) $Q_{\mathrm{A,max}} = Q_{\mathrm{ges}}$ ergeben, weshalb

$$Q_{\mathrm{ges}} = \frac{\pi \Delta p}{4 \eta L} \cdot \frac{B^4}{2} \tag{3.3.38}$$

gilt und sich durch Einsetzen in (3.3.37) die maximale Analytrate schreiben lässt als

$$Q_{\mathrm{A,max}} = Q_{\mathrm{ges}} \cdot \frac{2}{B^4} \cdot \left( B^2 (D/2)^2 - A^2 (D/2)^2 - 1/2 \cdot (D/2)^4 \right). \tag{3.3.39}$$

Mit den Bedingungen für die maximale Analytrate $A = D/2 = A_{\mathrm{S}}/2$ ergibt sich

$$Q_{\mathrm{A,max}} = Q_{\mathrm{ges}} \cdot \left( \frac{A_{\mathrm{S}}^2}{2B^2} - \frac{3 A_{\mathrm{S}}^4}{16 B^4} \right). \tag{3.3.40}$$

Durch experimentelles Bestimmen der maximalen Schaltamplitude $A_{\mathrm{S}}$ und der Kenntnis der geometrischen Maße des Schaltorts sowie des Gesamtvolumenstroms kann somit die maximale schaltbare Analytrate $Q_{\mathrm{A,max}}$ abgeschätzt werden.

### Opto-kalorische Erwärmung des Fluids

Der Eintrag von Energie in das Fluid kann besonders zielgerichtet durch die Verwendung von Laserstrahlung geschehen. Durch die Entwicklungserfolge der vergangenen Jahre sind günstige Halbleiterlaser in weiten Bereichen des sichtbaren (VIS) und des nahinfraroten (NIR) Spektralbereichs verfügbar. Wasser besitzt mehrere Absorptionsbanden, wobei eine sehr ausgeprägte Bande bei ca. 1930 nm liegt, siehe auch Abb. 3.11. In dieser Arbeit werden Halbleiterlaser auf der Basis von AlGaIn/AsSb verwendet, welche in diesem Spektralbereich Strahlung emittieren.

Für den Prozess des Umwandelns von optischer Energie in Wärmeenergie ist der anzuregende Zustand bestimmend. Die Absorptionsbande mit dem Maximum bei 1930 nm entsteht durch die Anregung einer Überlagerung der O-H-Streckschwingung und der O-H-Biegeschwingung $2\nu_{1,3} + \nu_2$ [67]. Die O-H-Streckschwingung besitzt hierbei eine Relaxationszeit von kleiner als 1 ps [68], weshalb die Umwandlung von optischer Energie in thermische Energie auf der für das Schalten relevanten Zeitskala von typischerweise mehreren 100 µs als instantan angenommen werden kann.

Der Energieeintrag $E_{\mathrm{heiz}}$ in das Fluid entlang der Ausbreitungsrichtung des Laserstrahls ist ein Resultat des Intensitätsverlustes durch Absorption, der durch das Lambert-Beer'schen Gesetz beschrieben wird

$$I(z) = I_0 \cdot \mathrm{e}^{-\alpha z} \tag{3.3.41}$$

$$\Rightarrow E_{\mathrm{heiz}} = I_0 \cdot \left( 1 - \mathrm{e}^{-\alpha \Delta z} \right) A \tau \tag{3.3.42}$$

mit der Bestrahlungsstärke $I_0$ am Ort $z = 0$, dem Absorptionskoeffizienten $\alpha$, der durchstrahlten Fluidstrecke $\Delta z$, der Querschnittsfläche $A$ und der Einstrahldauer $\tau$. Für eine Laserstrahlung mit der Wellenlänge von 1930 nm bedeutet dies, dass die durchstrahlte Wassersäule ungefähr der Länge der Absorptionslänge von $\alpha^{-1} = 75\,\mu\mathrm{m}$ entsprechen sollte, um einen Großteil der Laserstrahlleistung in das Fluid einzutragen.

Bei einem thermisch-isolierten Fluid mit der spezifischen Wärmekapazität $C$ und der Dichte $\rho$, welches mit einem kontinuierlichem Volumenstrom $Q_{\mathrm{II}}$ durch einen in Abb.

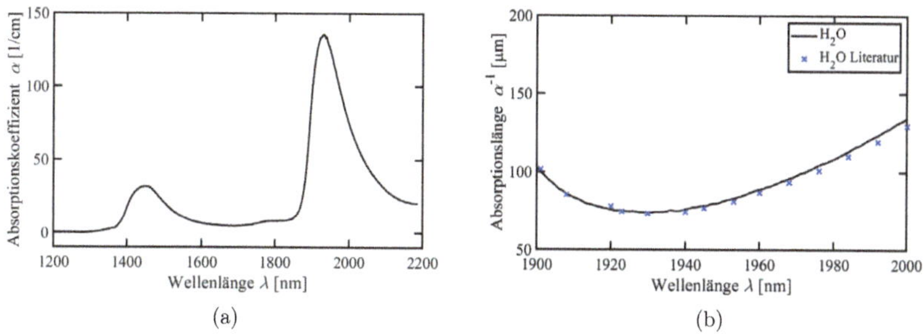


**Abb. 3.11:** Absorption von deionisiertem Wasser im nah-infraroten Wellenlängenbereich von 1,2 µm bis 2,2 µm und Literaturangaben zu Wasser. Die Absorption wurde mit einem UV/VIS/NIR Spektrometer (Lambda 1050, PerkinElmer) aufgenommen. Literaturwerte sind von Kou et al. entnommen [69]

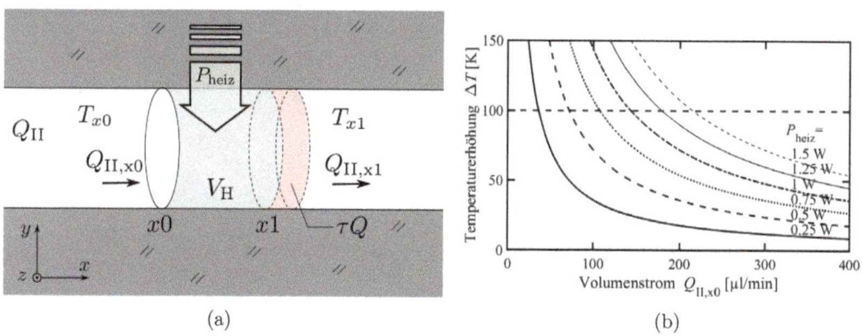


**Abb. 3.12:** Beschreibung der Temperaturerhöhung durch Energieeintrag in einem durchströmten mikrofluidischen Kanal. In (a) ist ein Leitungsabschnitt mit der Temperatur des Fluids $T_{x0}$ vor und $T_{x1}$ nach einem Abschnitt, in welchem die Leistung $P_{heiz}$ in das Fluid eingebracht wird, dargestellt und in (b) ist für verschiedene Heizleistungen die Temperaturerhöhung gegen den Volumenstrom aufgetragen.

3.12(a) dargestellten Rohrabschnitt II fließt, in welchem die kontinuierliche Heizleistung $P_{\text{heiz}}$ eingebracht wird, ist die erzeugte Temperaturdifferenz $\Delta T$ gegeben durch

$$\Delta T = T_{\text{aus}} - T_{\text{in}} = \frac{E_{\text{heiz}}}{Cm} \approx \frac{P_{\text{heiz}} \cdot \Delta t}{C\rho Q_{\text{II}} \cdot \Delta t} = \frac{P_{\text{heiz}}}{C\rho Q_{\text{II}}} \tag{3.3.43}$$

mit der als Wärme eingebrachten Energie $E_{\text{heiz}}$ und einem Zeitelement $\Delta t$.

Bei einem Schaltvorgang, in welchem nur kurz gepulst Energie hinzugefügt wird, muss das sich zum Zeitpunkt des Beginns der Einstrahlung im Heizort befindliche Volumen $V_{\text{H}}$ berücksichtigt werden. Die mittlere Erwärmung $\Delta\bar{T}$ des erwärmten Fluids mit dem Gesamtvolumen $V_{\text{H}} + \tau Q_{\text{II}}$ bei gepulster Laserstrahlung mit der Einstrahldauer $\tau$ kann berechnet werden zu

$$\Delta\bar{T} = \frac{\tau P_{\text{heiz}}}{C\rho \cdot (V_{\text{H}} + \tau Q)}. \tag{3.3.44}$$

Dieser Zusammenhang erlaubt die Abschätzung der Temperaturerhöhung und somit der Schaltwirkung auch bei kurzen Einstrahldauern.

### 3.3.3 Thermische Expansion

Bei Erwärmung eines Fluids ändert sich in der Regel das spezifische Volumen $v_{\text{p}}$. Für die meisten Fluide gilt, dass das spezifische Volumen mit steigender Temperatur größer wird und sich das Fluid ausdehnt. Dieser Effekt kann genutzt werden, um lokal einen zusätzlichen Volumenstrom zu erwirken und gezielt Ströme zu beeinflussen sowie zum Beispiel einen Schalter zu realisieren oder zu unterstützen.

Für Wasser als Fluid ändert sich das spezifische Volumen im Bereich von 0 °C bis 100 °C um bis zu 4,3 %, siehe Abb. 3.13(a). Für übliche Volumenströme von 50 µl/min $< Q_{\text{II}} <$ 200 µl/min sind Heizleistungen von bis zu 1,25 W ausreichend, um diese Erwärmung zu erreichen, vorausgesetzt Verluste durch Wärmeleitung können vernachlässigt werden. Die maximale Änderung des Volumenstroms $\Delta Q_{\text{II,heiz}}$ kann als durch Erwärmung generierter Volumenstrom interpretiert werden $\Delta Q_{\text{II,heiz}} = \mathrm{d}V_{\text{P,heiz}}/\mathrm{d}t$. Mit dem von der Temperatur $T$ abhängigen spezifischen Volumen $v_{\text{p}}(T)$ und der Heizleistung $P_{\text{heiz}}$ kann für die Änderung des Volumenstroms der Zusammenhang

$$\Delta Q_{\text{II,heiz}} = Q_{\text{II,x0}} \cdot \left( \frac{v_{\text{p}}(T_{\text{x1}})}{v_{\text{p}}(T_{\text{x0}})} - 1 \right) \tag{3.3.45}$$

$$= Q_{\text{II,x0}} \cdot \left( \frac{v_{\text{p}}(T_{\text{x0}} + \frac{P_{\text{heiz}}}{c_p * \rho * Q_{\text{II,x0}}})}{v_{\text{p}}(T_{\text{x0}})} - 1 \right). \tag{3.3.46}$$

aufgestellt werden. In Abb. 3.13(b) sind die zusätzlich durch die Expansion entstehenden Volumenströme für unterschiedliche Heizleistungen dargestellt. Die Endpunkte der Kurven beschreiben den Punkt, bei dem die Siedetemperatur von 100 °C erreicht wird.

Die zeitliche Entwicklung des generierten Volumenstroms ist für ein typisches Heizvolumen von $V = 6 \cdot 10^{-3}\,\text{mm}^3$ bei verschiedenen Volumenströmen $Q_{\text{II}}$ in Abb. 3.14 dargestellt. Die Kurven für $Q_{\text{II,x0}} = 0$ µl/min und $Q_{\text{II,x0}} = 50$ µl/min enden bei Erreichen der Siedetemperatur von 100 °C.

Schematisch ist eine mikrofluidische Struktur zum Schalten durch thermische Expansion mit den Engstellen I und II, den Verbindungsstücken und dem Schaltort in Abb. 3.15 dargestellt. Einflüsse der Viskositätsänderung, die im nächsten Abschnitt behandelt wer-

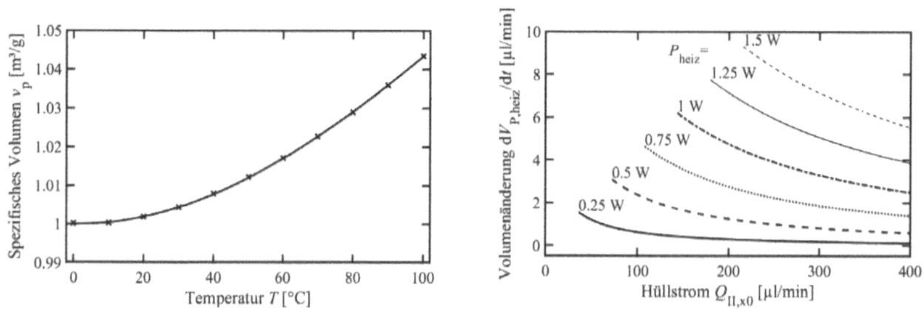


(a) (b)

**Abb. 3.13:** In (a) ist das spezifische Volumen von Wasser bei einem Druck von 100 kPa abgebildet. Die Datenpunkte sind aus [70] entnommen und durch eine Funktion 3. Ordnung in $T$ angepasst (durchgezogene Linie), welche für weitere Berechnungen genutzt wird. In (b) ist die Volumenänderung von Wasser bei verschiedenen Heizleistungen gegen den Volumenstrom ohne Berücksichtigung von Wärmeleitung dargestellt. Die Werte wurden für eine Ausgangstemperatur von $T = 19\,°C$ berechnet.

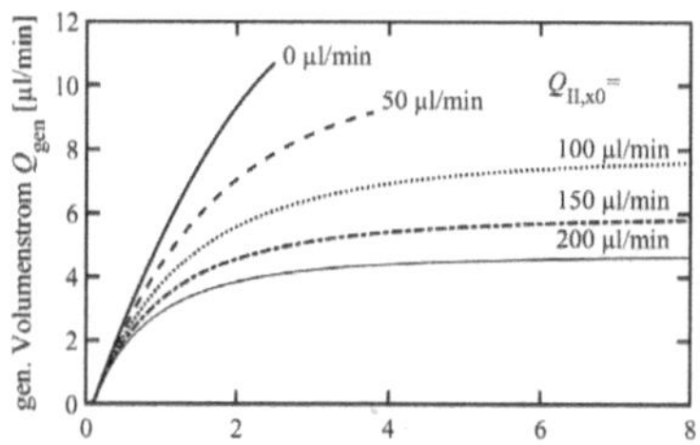


**Abb. 3.14:** Zeitliche Entwicklung des durch thermische Ausdehnung generierten zusätzlichen Volumenstroms bei einer Heizleistung von $P_{heiz} = 1\,W$, aufgetragen für verschiedene Volumenströme gegen die Einstrahlzeit $\tau$.

den, sollen hier nicht berücksichtigt werden. Technisch entspricht dies zum Beispiel einer jeweils unabhängig auf den Volumenstrom geregelten Zuführung der Hüllströme $Q_\mathrm{I}$ und $Q_\mathrm{II}$ mit keinerlei kapazitiven bzw. flexiblen Leitungsabschnitten. Die Volumenänderung wirkt sich somit nur auf den Volumenstrom in Strömungsrichtung aus.

**Der Ruhezustand** ist der Normalfall, wenn optisch keine Energie eingetragen wird. Durch unterschiedlich gestaltete Engstellen kann eine Vorzugsrichtung des Analytstroms eingestellt werden, vgl. Abb. 3.15(a). Dieser Fall entspricht:
$\Delta Q_\mathrm{II,heiz} = 0 \rightarrow$, **konstant**.

Für das Schaltverhalten ausschlaggebend ist die Volumenstromdifferenz der Hüllströme $Q_\mathrm{I,x2}$ und $Q_\mathrm{II,x2}$ am Beginn des Schaltorts am Ort $x_2$, vergleiche Abb. 3.15(a). Für die Hüllstromzufuhr I wird angenommen, dass die Druckdifferenz, die über die Engstelle I abfällt, konstant ist und keine Wärmeleitung zwischen den Engstellen durch das Chipmaterial stattfindet. Somit bleibt der Volumenstrom durch die Engstelle I konstant, $Q_\mathrm{I} = Q_\mathrm{I,x0} = Q_\mathrm{I,x2}$, und es genügt für die Analyse des Schaltverhaltens, die Änderung vom Hüllvolumenstrom $Q_\mathrm{II,x2}$ zu untersuchen. Dieser setzt sich zusammen aus dem Eingangsvolumenstrom $Q_\mathrm{II,x0}$, der an der Engstelle durch thermische Expansion gewonnenen Volumenänderung $\mathrm{d}V_\mathrm{P,heiz}$ und dem durch Abkühlung wieder verlorenen Volumen $\mathrm{d}V_\mathrm{abk}$ im Leitungsabschnitt zwischen der Engstelle $x_1$ und dem Schaltort $x_2$

$$Q_\mathrm{II,x2} = Q_\mathrm{II,x0} + \frac{\mathrm{d}V_\mathrm{P,heiz}}{\mathrm{d}t} + \frac{\mathrm{d}V_\mathrm{abk}}{\mathrm{d}t} \tag{3.3.47}$$

$$\Rightarrow \Delta Q_\mathrm{II,heiz} = Q_\mathrm{II,x2} - Q_\mathrm{II,x0} \tag{3.3.48}$$

$$= \frac{\mathrm{d}V_\mathrm{P,heiz}}{\mathrm{d}t} + \frac{\mathrm{d}V_\mathrm{abk}}{\mathrm{d}t}. \tag{3.3.49}$$

Aus diesem Zusammenhang lassen sich fünf Zustände bzw. Phasen des Systems ableiten:

**Die Einschaltphase** ist die Phase, in welcher die Engstelle II geheizt wird und die Maximaltemperatur $T_1$ in der Engstelle erreicht wird, vgl. Abb. 3.15(b).
$\frac{\mathrm{d}V_\mathrm{P,heiz}}{\mathrm{d}t} \gg 0$, $\frac{\mathrm{d}V_\mathrm{abk}}{\mathrm{d}t} \approx 0$
$\Delta Q_\mathrm{II,heiz} = \uparrow$ **stark positiv, ansteigend**

**Die Haltephase** ist die Phase, nachdem die maximale Temperatur $T_1$ in der Engstelle erreicht wurde, es weiter geheizt wird und das erwärmte Fluid den Bereich zwischen Engstelle und Schaltort füllt, vgl. Abb. 3.15(c).
$\frac{\mathrm{d}V_\mathrm{P,heiz}}{\mathrm{d}t} \gg 0$, $\frac{\mathrm{d}V_\mathrm{abk}}{\mathrm{d}t} < 0$
$\Delta Q_\mathrm{II,heiz} = \downarrow$ **positiv, fallend**

**Der finale Haltezustand** bezeichnet den Zustand, bei welchem der gesamte Bereich zwischen Engstelle und Schaltort mit erwärmtem Fluid gefüllt ist und immer noch Energie zum Heizen hinzugeführt wird. Hier kann zwischen schwachen Wärmeverlusten durch Wärmeleitung (Abb. 3.15(d)) und starken Wärmeverlusten (Abb. 3.15(e)) unterschieden werden.
$\frac{\mathrm{d}V_\mathrm{P,heiz}}{\mathrm{d}t} \gg 0$, $\frac{\mathrm{d}V_\mathrm{abk}}{\mathrm{d}t} \ll 0$
$\Delta Q_\mathrm{II,heiz} = \rightarrow 0-$ **positiv, konstant**

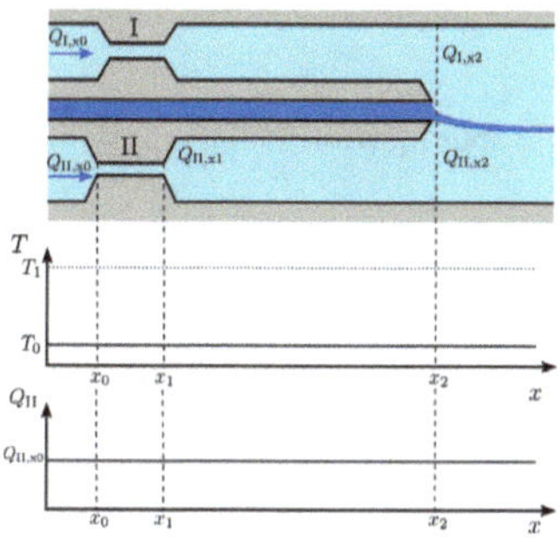


(a) Ruhezustand

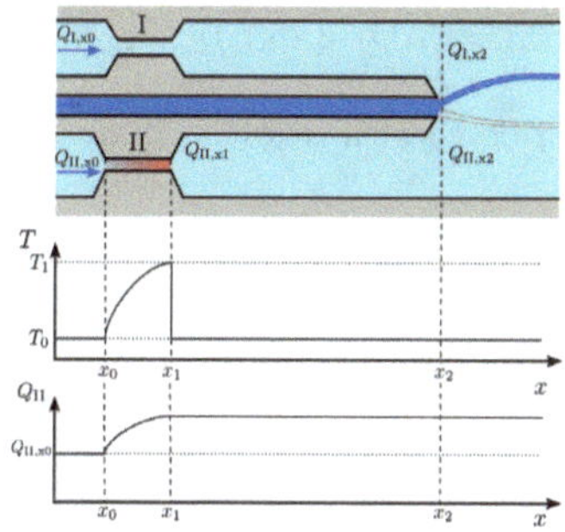


(b) Einschaltphase

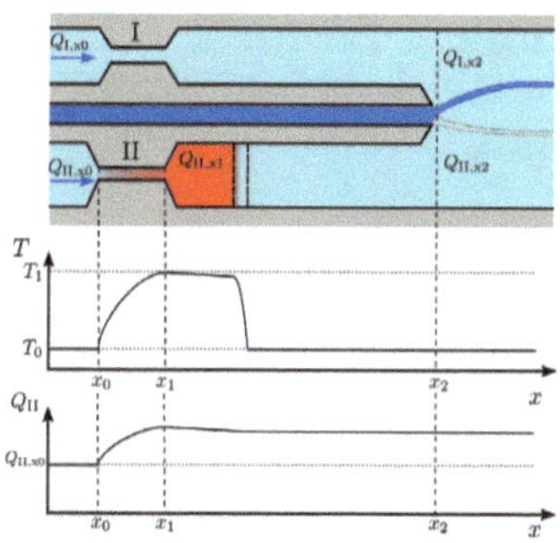


(c) Haltephase

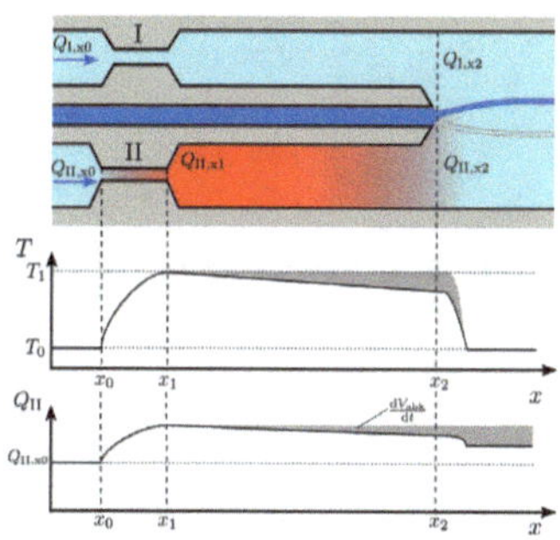


(d) Haltephase final geringe Wärmeleitung

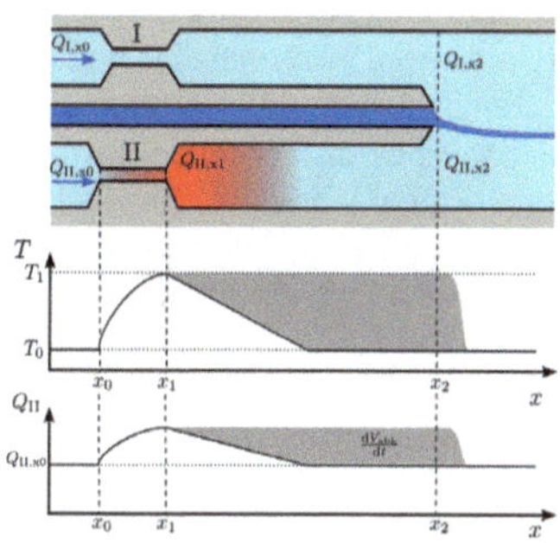


(e) Haltephase final hohe Wärmeleitung

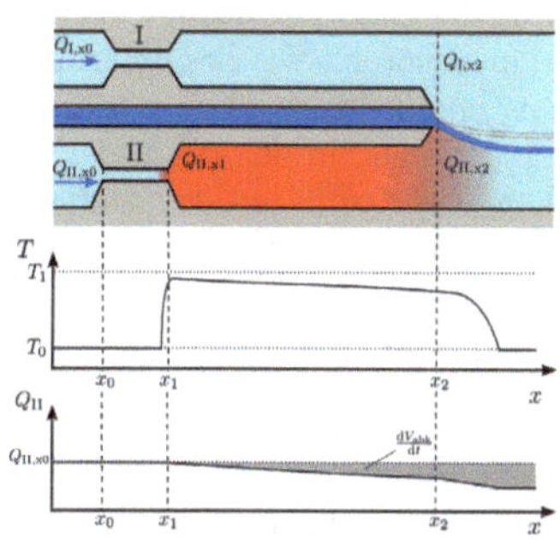


(f) Ausschaltphase

**Abb. 3.15:** Zustände des durch thermische Ausdehnung aktivierten hydrodynamischen Schalters. Der Temperaturverlauf entlang des Kanals II ist jeweils im unteren Teil der Abbildung dargestellt.

**Ausschaltphase** ist die Phase, nachdem das Heizen beendet ist und sich der Bereich zwischen Engstelle und Schaltort mit kühlerem Fluid füllt, bis der Ruhezustand wieder eingenommen ist (Abb. 3.15(f)).

$\frac{dV_{\mathrm{P,heiz}}}{dt} \approx 0, \frac{dV_{\mathrm{abk}}}{dt} \ll 0$

$\Delta Q_{\mathrm{II,heiz}} = \downarrow$ **erst stark negativ, dann auf 0 zurückgehend**

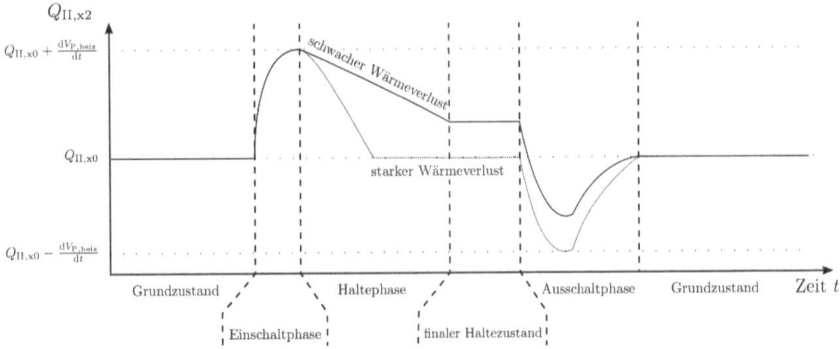


**Abb. 3.16:** Volumenstromänderung am Ort $x_2$ durch thermische Expansion mit den Phasen und Zuständen des hydrodynamischen Schalters

In Abb. 3.16 ist der sich aus den obigen Überlegungen hergeleitete zeitliche Volumenstromverlauf von $Q_{\mathrm{II,x2}}$ dargestellt. Hervorzuheben ist, dass beim Ausschalten der Heizleistung immer ein negativer Ausschlag entsteht und dass die Schaltwirkung durch die Wärmeverluste im Bereich zwischen der Engstelle II und dem Schaltort während der Haltephase reduziert wird, was bei starken Verlusten die Haltezeit limitieren kann.

Weitere Effekte, welche das Schalten per thermischer Expansion beeinflussen und bei dieser qualitativen Analyse nicht berücksichtigt wurden, ist das Strömungsprofil und die Rückkopplung der Engstelle II auf I über eine Verbindung stromaufwärts.

Das Strömungsprofil, welches aufgrund der laminaren Strömungsbedingungen parabelförmig ausgeprägt ist, sorgt für einen schnelleren Transport des nachkommenden, z.B. des erwärmten Fluids, in der Mitte der Kanäle, welches insbesondere an den Grenzen zwischen dem erwärmten und dem normal temperierten Wasser zu paraboloiden Temperaturgradienten führt. Die Temperaturverteilung wird sich daher nicht so geradlinig getrennt ausbilden wie in Abb. 3.15 dargestellt, die beschriebenen Effekte dürften hiervon im Wesentlichen unberührt sein.

Sind die Zuläufe für die Engstellen I und II stromaufwärts verbunden, erhalten wir zum einen die im nächsten Kapitel beschriebenen Einflüsse durch die thermisch veränderte Viskosität und zum anderen wirkt die thermische Expansion auch auf die Engstelle I ein. Das durch die Ausdehnung des Fluids entstehende Volumen verdrängt entsprechend den hydrodynamischen Widerständen ohne Vorzugsrichtung das Fluid flussaufwärts und abwärts. In Abb. 3.17 ist für die einzelne Betrachtung der Aufteilung dieses Stroms das Ersatzschaltbild dargestellt. Durch die Annahme, dass der durch Ausdehnung entstehende Volumenstrom $Q_{\mathrm{gen}}$ und die dadurch vor Ort entstehende Druckerhöhung $\Delta p_{\mathrm{gen}}$ in der Mitte der Engstelle II wirksam werden, kann mit (3.1.11) für das Verhältnis der Ströme

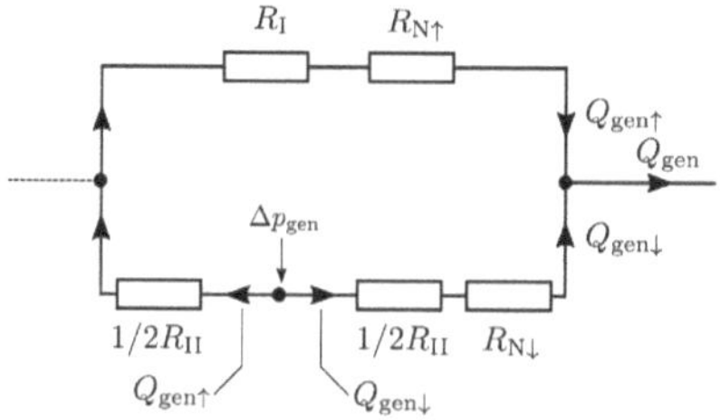


**Abb. 3.17:** Ersatzschaltbild für die Aufteilung des durch thermische Expansion entstehenden Volumenstroms $Q_{\mathrm{gen}}$. $Q_{\mathrm{gen}\uparrow}, Q_{\mathrm{gen}\downarrow}$ Anteile des Volumenstroms, welche stromauf- und stromabwärts fließen, $R_{\mathrm{I}}, R_{\mathrm{II}}$ hydrodynamische Widerstände an den Engstellen I und II, $R_{\mathrm{N}\uparrow}, R_{\mathrm{N}\downarrow}$ hydrodynamische Nebenwiderstände stromauf- und stromabwärts, $\Delta p_{\mathrm{gen}}$ durch Expansion entstehender zusätzlicher Druck

stromaufwärts (↑) zu stromabwärts (↓) formuliert werden:

$$\frac{Q_{\mathrm{gen},\uparrow}}{Q_{\mathrm{gen},\downarrow}} = \frac{\Delta p_{\mathrm{gen}} R_{\downarrow}}{\Delta p_{\mathrm{gen}} R_{\uparrow}} \tag{3.3.50}$$

$$= \frac{1/2R_{\mathrm{II}} + R_{\mathrm{N}\downarrow}}{1/2R_{\mathrm{II}} + R_{\mathrm{I}} + 2R_{\mathrm{N}\uparrow} + R_{\mathrm{N}\downarrow}} \quad \text{für } R_{\mathrm{II}} \approx R_{\mathrm{I}} \text{ und } R_{\mathrm{N}\uparrow}, R_{\mathrm{N}\downarrow} \ll R_{\mathrm{II}} \tag{3.3.51}$$

$$= \frac{1/2R_{\mathrm{II}}}{3/2R_{\mathrm{II}}} = 1/3, \tag{3.3.52}$$

mit $R_{\mathrm{II}}, R_{\mathrm{II}}$ den hydrodynamischen Widerständen an den Engstellen I und II und $R_{\mathrm{N}\uparrow}, R_{\mathrm{N}\downarrow}$ den Nebenwiderständen flussauf- und abwärts. Der durch thermische Expansion entstehende Volumenstrom $\Delta Q_{\mathrm{II,heiz}}$ an dem Schaltort $x_2$ fällt daher um ca. 33 % geringer aus.

### 3.3.4 Gesteuerte Viskosität

In Kapitel 3.3.2 wurde der Einfluss von veränderlichen hydrodynamischen Widerständen auf die relative Strömungsänderung in einem mikrofluidischen Schalter untersucht. Aus für den Hagen-Poiseuille-Strom hergeleiteten Widerständen für verschiedene Geometrien, vgl. Tab. 3.2, geht hervor, dass diese nur von der dynamischen Viskosität und der Kanalgeometrie abhängig ist. Soll der hydrodynamische Schalter mit Hilfe des hydrodynamischen Widerstands realisiert werden, muss entweder die Form des Kanals sich zeitlich ändern (z.B. durch die Verwendung von äußerem Druck auf flexible Kanalwände) oder die Viskosität des Fluids muss verändert, bzw. gesteuert werden. Dies wird im Folgenden weiter untersucht.

Eine Viskositätsänderung kann durch eine lokale Erwärmung des Fluids bewirkt werden. Für die meisten Fluide gilt, dass die dynamische Viskosität mit steigender Temperatur abnimmt. Der Wärmeeintrag kann indirekt durch Erwärmung der Kanalwände geschehen oder direkt, durch Energieeinbringung in das Fluidvolumen durch z.B. Absorption von elektromagnetischer Strahlung.

### Viskosität von Wasser

Die Viskosität von Wasser besitzt eine starke Temperaturabhängigkeit, welche durch eine Arrhenius-Andrade-Beziehung

$$\eta(T) = \eta_0 \cdot \exp \frac{E_\mathrm{A}}{R \cdot T} \tag{3.3.53}$$

mit einer Aktivierungsenergie $E_\mathrm{A}$ und der allgemeinen Gaskonstante $R$ beschrieben werden kann [71, 72]. Für Berechnungen in dieser Arbeit wurden die Tabellendaten aus dem CRC Handbook for Chemistry and Physics [73] verwendet und die Arrhenius-Andrade-Beziehung angepasst, vgl. Abb. 3.18. Für die angepasste Formel wurden die Werte $\eta_0 = (1{,}1 \pm 0{,}1)$ µPa s und $E_\mathrm{A} = (16{,}6 \pm 0{,}3)$ kJ/mol mit einem Bestimmtheitsmaß von $\mathrm{R}^2 = 0{,}994$ ermittelt.

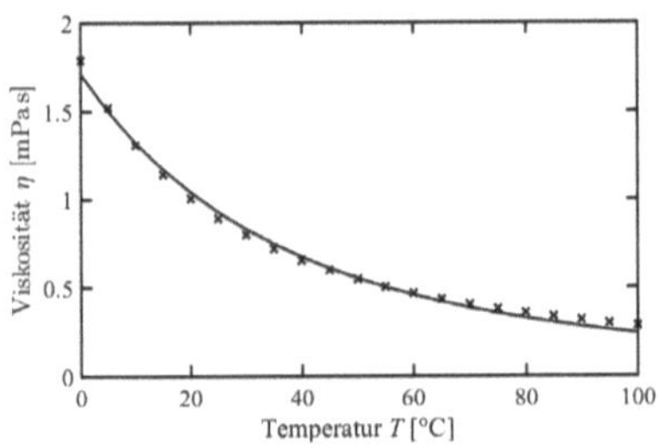


**Abb. 3.18:** Die Viskosität von Wasser in Abhängigkeit von der Temperatur. Die Datenpunkte sind Tabellenwerte aus dem CRC Handbook for Chemistry and Physics [73], die durchgezogene Linie ist eine angepasste Kurve gemäß der Arrhenius-Andrande-Beziehung.

Für die thermische Veränderung des hydrodynamischen Widerstands ergibt sich für Wasser somit

$$\begin{aligned} R_\mathrm{hyd}(T_1) / R_\mathrm{hyd}(T_0) &= \frac{\eta_0 \cdot \exp \frac{E_\mathrm{A}}{R \cdot T_1}}{\eta_0 \cdot \exp \frac{E_\mathrm{A}}{R \cdot T_0}} \\ &= \exp \left[ \frac{E_\mathrm{A}}{R} \cdot \left( \frac{1}{T_1} - \frac{1}{T_0} \right) \right]. \end{aligned} \tag{3.3.54}$$

Die Änderung des hydrodynamischen Widerstands für eine typische Erwärmung von Raumtemperatur $T_0 = 19$ °C auf $T_1 = 90$ °C ergibt somit eine beachtliche Reduzierung auf

$$R_\mathrm{hyd}(90\ ^\circ\mathrm{C}) / R_\mathrm{hyd}(19\ ^\circ\mathrm{C}) = 26{,}3\%. \tag{3.3.55}$$

Für einen rein durch die Viskositätsänderung betriebenen Schalter errechnet sich bei Vernachlässigung der Nebenwiderstände $R_\mathrm{N}$ mit Gleichung (3.3.13) für den Fall des konstanten Druckabfalls somit eine Volumenstromänderung von

$$\Delta Q_{\mathrm{S}}/Q_{\mathrm{II}}^{t0} = \frac{\left(R_{\mathrm{II}}^{t_0} + R_{\mathrm{N}}\right)}{\left(R_{\mathrm{II}}^{t_1} + R_{\mathrm{N}}\right)} - 1 \tag{3.3.56}$$

$$= \frac{R_{\mathrm{hyd}}\,(19\ ^\circ\mathrm{C})}{R_{\mathrm{hyd}}\,(90\ ^\circ\mathrm{C})} - 1 \tag{3.3.57}$$

$$= 2{,}8 \tag{3.3.58}$$

und für den Fall des konstanten Volumenstroms bei einem Widerstand $R_{\mathrm{I}} = \left(R_{\mathrm{II}}^{t0} + R_{\mathrm{II}}^{t1}\right)/2 = 0{,}632 \cdot R_{\mathrm{II}}^{t0}$ nach Gleichung (3.3.24)

$$\Delta Q_{\mathrm{S}}/Q_{\mathrm{II}}^{t0} = 2 \cdot \left(\frac{R_{\mathrm{II}}^{t0} + R_{\mathrm{I}} + 2R_{\mathrm{N}}}{R_{\mathrm{II}}^{t1} + R_{\mathrm{I}} + 2R_{\mathrm{N}}} - 1\right) \tag{3.3.59}$$

$$= 2 \cdot \left(\frac{R_{\mathrm{II}}^{t0} + 0{,}632 \cdot R_{\mathrm{II}}^{t0}}{0{,}263 \cdot R_{\mathrm{II}}^{t0} + 0{,}632 \cdot R_{\mathrm{II}}^{t0}} - 1\right) \tag{3.3.60}$$

$$= 1{,}65. \tag{3.3.61}$$

Der maximal veränderbare Volumenstrom $\Delta Q_{\mathrm{S}}$ ist somit in diesen beiden idealen Fällen deutlich größer als der im nicht geschalteten Zustand durch die Engstelle II fließende Volumenstrom $Q_{\mathrm{II}}^{t0}$. Im Experiment werden diese Werte jedoch nicht erreicht, was hauptsächlich darauf zurückzuführen ist, dass die Erwärmung in der Engstelle räumlich nicht homogen ist und die Nebenwiderstände nicht zu vernachlässigen sind.

Ein Vergleich mit der thermischen Expansion zeigt, dass die gesteuerte Viskosität einen deutlich größeren Einfluss auf die Strömungsänderung hat. Wenn die thermische Expansion bei $Q_{\mathrm{II,x0}} = 250\,\mathrm{\mu l/min}$ und $P_{\mathrm{heiz}} = 1{,}5\,\mathrm{W}$ einen um gut $5\,\mathrm{\mu l/min}$ erhöhten Volumenstrom erzeugt (vergleiche Abb. 3.13(b) unter Berücksichtigung der Reduktion durch Zusammenhang (3.3.52)), so ist für die gesteuerte Viskosität eine Änderung um bis zu $412\,\mathrm{\mu l/min}$ möglich.

## 3.3.5 Fertigungsmaterial der Mikrofluidik

Typische Materialien, aus denen Mikrofluidiken gefertigt werden, sind PDMS, Silizium, Cyclo-Olefin-Copolymere (COC), Polymethylmethacrylate (PMMA), Polycarbonate (PC), Polystyren (PS), Cyclo-Olefin-Polymere (COP) und Quarzglas. Je nach Anwendung muss das Material beständig sein für verschiedene Lösungsmittel wie Wasser, Säuren und Laugen, Kohlenwasserstoffe (KW) oder halogenierte Kohlenwasserstoffe (hKW). Für die Verwendung als Chipmaterial beim opto-kalorischen Sortierer muss besonders die Transparenz im NIR-Spektralbereich (insbesondere 1900 nm bis 2000 nm) für das optische Heizen und im VIS-Spektralbereich für die Fluoreszenzanregung und -detektion zum Auslösen des Schaltvorgangs berücksichtigt werden. Die dabei auftretenden Temperaturen bis ca. 110 °C würden die meisten Materialien durch ihre höheren Glasübergangstemperaturen $T_{\mathrm{g}}$ (für Kunststoffe) bzw. Transformationstemperaturen $T_{\mathrm{t}}$ (für Gläser) ohne Verformung auch längere Zeit überdauern. Des Weiteren ist es von Vorteil, wenn die Wärmeleitfähigkeit hoch ist, um eingetragene Energie abzuführen und eine schnelle Rückkehr des Systems zum Ausgangszustand zu ermöglichen. Eine Übersicht gängiger Materialien für die Mikrofluidikfertigung mit physikalischen Eigenschaften zeigt Tab. A.1 im Anhang. Für Transmissions- und Eigenfluoreszenzeigenschaften der Materialen sind ganz wesentlich die

Reinheitsgrade und Beimischungen des Herstellers von Bedeutung, weshalb die Werte für typische Herstellerqualitäten von Mikrofluidikfertigern angegeben werden.

### 3.3.6 Fertigungsverfahren SLE

Mikrofluidiken in größeren Stückzahlen werden zumeist durch ein Urform- oder lithographisches Verfahren hergestellt. Für kleine Stückzahlen wie Prototypen werden Mikrofluidiken auch fräsend, erodierend oder generativ gefertigt.

Für die Fertigung des hier untersuchten opto-kalorischen Schalters wird das Verfahren Selektives Laser-induziertes Ätzen (SLE) verwendet, welches zu den generativen Verfahren gezählt wird. Dies Verfahren erfolgt in zwei Schritten. Zunächst wird ein zu entfernendes Volumen in einem Substrat belichtet und anschließend nasschemisch herausgeätzt [74]. Beim Belichten wird über ein scannendes System der Fokus eines gepulsten Laserstrahls durch ein für die Laserstrahlung transparentes Substrat geführt. Aufgrund der im Fokus auftretenden hohen Leistungsdichten treten nicht lineare Ionisierungsprozesse auf und freie Ladungsträger entstehen im Leitungsband des Materials [75]. Die absorbierte Energie überträgt sich nach wenigen Pikosekunden vom Elektronensystem auf die Atome und erwärmt den Festkörper lokal auf mehrere tausend Kelvin [76]. Da der Fokus weitergeführt wird, findet die Energiezufuhr nur sehr kurz und lokal statt und das Material erkaltet danach schockartig in einem veränderten Zustand. Bei den verwendeten Materialien bewirkt diese Änderung eine verminderte Beständigkeit gegenüber Laugen oder Säuren. In diesem Zusammenhang wird von der Selektivität gesprochen, was dem Verhältnis der Ätzrate vom belichteten Material zum unbelichteten Material entspricht. Der Fokus wird auf eine Art und Weise durch das Substrat geführt, dass ein zusammenhängendes Volumen entsteht mit Kontakt zur Oberfläche. Im folgenden Schritt wird das Substrat einer Lauge oder Säure ausgesetzt, welche das belichtete Volumen herauslöst.

Für die Fertigung des opto-kalorischen Schalters aus Quarzglas wurde eine Laserstrahlquelle mit einer Wellenlänge von 1030 nm und einer mittleren optischen Leistung von 250 mW verwendet. Zum Herauslösen des belichteten Volumens wurde das Substrat für vier Tage mit einer Kalilauge der Konzentration von 8 mol/L behandelt. Die für die Bearbeitung von Quarzglas typischen Laserpulsdauern liegen zwischen 300 fs und 1000 fs, die Pulsenergien zwischen 100 nJ und 1000 nJ und die erreichbaren Selektivitäten sind größer 1000 [56, 74].

Bei der Fertigung von Mikrofluidiken durch SLE muss berücksichtigt werden, dass auch das nicht belichtete Material sich löst und dass sich die Ätzgeschwindigkeit mit fortschreitender Kanallänge verringert. Beides führt dazu, dass die belichteten Kanalstrukturen am Eintritt in das Substrat größer ätzen als im mittleren Bereich des Kanalsystems, wo die Ätzlösung zuletzt das Volumen herauslöst. Die feinsten Kanalstrukturen mit den hier gewählten Parametern werden durch Belichten von einzelnen Linien erzielt und ergeben nach dem Ätzen Kanäle mit Durchmesser im Bereich von 5 µm bis 15 µm, wobei hierbei die Ätzdauer einen großen Einfluss hat und das Herausnehmen aus dem Ätzbad zeitlich gut abgestimmt werden muss. Eine größere Reproduzierbarkeit wird erreicht, wenn für die kleinsten zu fertigen Kanalhöhen bzw. -breiten Werte von mindestens 30 µm angestrebt werden.

### 3.3.7 Limitierende Einflüsse auf die Schaltzeit

Die Zeit, welche der Schalter benötigt, von einem Zustand in den anderen zu wechseln, ist bestimmend für die Frequenz, mit welcher man den Schalter zum Sortieren nutzen kann. Hierbei muss die Schaltrichtung berücksichtigt werden. Aufgrund der unterschiedlichen Prozesse sind die Einschaltzeit $\tau_{\text{ein}}$ und die Ausschaltzeit $\tau_{\text{aus}}$ nicht identisch.

**Erwärmung des Fluids** Das zugrundeliegende Wirkprinzip setzt die Erwärmung des Fluids im Heizvolumen $V_{\text{H}}$ voraus. Die zeitliche Entwicklung lässt sich aus der in Abschnitt 3.3.2 beschriebenen opto-kalorischen Erwärmung ableiten. Durch einfaches Umstellen des Zusammenhangs (3.3.44) für die Temperaturerhöhung nach der Laserpulsdauer $\tau$ erhalten wir

$$\tau_{\text{heiz}} = \frac{\Delta T C \rho V_{\text{H}}}{P_{\text{heiz}}} \cdot \frac{1}{1 - Q_{\text{heiz}} C \rho \Delta T / P_{\text{heiz}}}. \tag{3.3.62}$$

Dies entspricht der Zeit $\tau_{\text{heiz}}$, welche notwendig ist, um ein Fluidvolumen $V_{\text{H}} + Q_{\text{heiz}}\tau$, welches in der gleichen Zeit kontinuierlich mit dem Volumenstrom $Q_{\text{heiz}}$ durch das Heizvolumen strömt, mit der Heizleistung $P_{\text{heiz}}$ um die mittlere Temperaturdifferenz $\Delta T$ zu erwärmen. Für typische Werte von $\Delta T = 40\,\text{K}$, $P_{\text{heiz}} = 0{,}5\,\text{W}$, $V_{\text{H}} = 9 \cdot 10^{-4}\,\mu\text{l}$ und $Q_{\text{heiz}} = 100\,\mu\text{l/min}$ ergibt sich eine Zeitdauer von $\tau_{\text{heiz}} = 0{,}3\,\text{ms} \cdot \frac{1}{1-0{,}3\,\text{ms}\cdot Q_{\text{heiz}}/V_{\text{H}}} = 0{,}66\,\text{ms}$. Dieser Zusammenhang ist nur gültig für Temperaturerhöhungen, die kleiner als die maximal erreichbare Temperaturdifferenz $\Delta T < P_{\text{heiz}}/Q_{\text{heiz}} C \rho$ ist.

**Massenträgheit und Reibung** Die Massenträgheit und die Reibung treten beim Einschalten sowie beim Ausschalten gleichermaßen auf. Um diese zeitlich abzuschätzen, wird eine plötzliche Veränderung des Widerstands im Bereich der Engstelle durch Verringerung oder Erhöhung der Viskosität angenommen. Das System ist nicht mehr in einem Gleichgewichtszustand und der Druckabfall $\Delta p$, welchen wir als konstant annehmen, wird nicht mehr vollständig durch den Widerstand und den noch unveränderten Volumenstrom kompensiert. Die Differenz $\delta p$ bleibt als Druckkomponente übrig, um gegen die Trägheit des Fluids dieses zu beschleunigen. Dies bewirkt einen Anstieg des Volumenstroms, bis der ganze Druckabfall wieder durch den hydrodynamischen Widerstand und den nun erhöhten Volumenstrom kompensiert ist.

$$\Delta p = \text{const.} = RQ \qquad \text{Ursprungszustand} \tag{3.3.63}$$

$$= (R + \delta R) \cdot Q + \delta p \qquad \text{nach Änderung der Viskosität} \tag{3.3.64}$$

$$= (R + \delta R) \cdot (Q + \delta Q) \qquad \text{resultierender Endzustand} \tag{3.3.65}$$

Diese zusätzliche Druckdifferenz bewirkt eine beschleunigende Kraft auf die Masse des Fluids, welche durch eine erhöhte Reibungskraft kompensiert wird. Um die Zeitskala dieses Vorgangs abzuschätzen, kann die für den durch Reibungskräfte stoppenden Hagen-Poiseuille-Fluss hergeleitete Zeitskala $\tau_{\text{Vis}}$ von Bruus [63] verwendet werden

$$\tau_{\text{Vis}} = \frac{a^2 \rho}{\gamma_1^2 \eta} \tag{3.3.66}$$

mit dem Radius eines Kanals mit rundem Querschnitt $a$ und der ersten Nullstelle $\gamma_1 = 2{,}405$ der Besselfunktion erster Art $J_0$ . Dies ist die Zeit, in welcher der Volumenstrom ungefähr auf $\text{e}^{-1}$ abgefallen ist.

Für Wasser bei Raumtemperatur $T = 20\,°\mathrm{C}$ ist die Zeitskala somit $\tau_{\mathrm{Vis}} \approx 0{,}17 \cdot 10^6[\mathrm{s/m^2}] \cdot a^2$, was für typische Kanalabschnitte wie die Engstellen ($20\,\mu\mathrm{m} < a < 50\,\mu\mathrm{m}$) eine Zeitskala von $0{,}07\,\mathrm{ms} < \tau_{\mathrm{Vis}} < 0{,}4\,\mathrm{ms}$ und für Verbindungsabschnitte ($100\,\mu\mathrm{m} < a < 300\,\mu\mathrm{m}$) Zeitskalen von $2\,\mathrm{ms} < \tau_{\mathrm{Vis}} < 15\,\mathrm{ms}$ ergibt.

Für ein kombiniertes System aus Engstellen und Verbindungsabschnitten (vgl. Abb. 3.5) bestimmt die Engstelle einen Großteil der Reibung und die Verbindungsabschnitte einen Großteil der Massenträgheit. Um den Impuls des Fluids in den Verbindungsabschnitten zu berücksichtigen, bedienen wir uns der Eigenschaft, dass bei gleichem Volumenstrom $Q$ pro Längenabschnitt $\Delta z$ der gleiche Impuls dem Fluid anhaftet (vgl. Gleichung (3.1.10)), und setzen eine um das Verhältnis Länge(Verbindungsabschnitte + Engstelle)/Länge(Engstelle) größere Dichte des Fluids in der Engstelle an. Hier liegen typische Verhältnisse zwischen 1,3 und 3 vor, womit sich für das System eine Zeitskala von $0{,}09\,\mathrm{ms} < \tau_{\mathrm{Vis}} < 1{,}2\,\mathrm{ms}$ ergibt. Für schnelles Schalten ist hiermit die Vorgabe, die Längen der Verbindungsabschnitte relativ zu den Längen der Engstellen klein zu halten.

**Fluidvolumenaustausch in der Engstelle** Wird das Fluid in der Engstelle durch eingekoppelte Laserstrahlleistung erwärmt, so ist erst mit einer annähernd stabilen Temperaturverteilung zu rechnen, wenn das Fluidvolumen einmal komplett ausgetauscht wurde. Als erste Näherung ist dies der Fall, wenn soviel Fluid durch die Engstelle geflossen ist, wie diese Volumen hat. Die Zeitskala $\tau_{\mathrm{Vol}}$, auf der dies passiert, ist somit

$$\tau_{\mathrm{Vol}} = \frac{V_{\mathrm{II}}}{Q_{\mathrm{II}}} \tag{3.3.67}$$

Für ein Volumen der Engstelle von $V_{\mathrm{II}} = 0{,}006\,\mathrm{mm^3}$ und Volumenströme $Q_{\mathrm{II}}$ zwischen $50\,\mu\mathrm{l/min}$ und $200\,\mu\mathrm{l/min}$ ergeben sich somit Zeitskalen von $1{,}8\,\mathrm{ms} < \tau_{\mathrm{Vol}} < 7{,}2\,\mathrm{ms}$. Wird das Gesamtvolumen von Engstelle und dem Kanalabschnitt zwischen der Engstelle und dem Schaltort mit $V_{\mathrm{II.ges}} = 0{,}047\,\mathrm{mm^3}$ angesetzt, werden Zeitskalen von $28\,\mathrm{ms} < \tau_{\mathrm{Vol.ges}} < 113\,\mathrm{ms}$ errechnet.

Für schnelles Schalten ist hiermit die Vorgabe, die Volumen der Engstellen und der Verbindungsabschnitte zwischen Engstelle und Schaltort möglichst klein zu gestalten.

**Wärmeleitung im Fluid und im Chipmaterial** Die zeitliche Auswirkung der Wärmeleitung im Fluid und im Chipmaterial kann durch die thermische Relaxationszeit $\tau_{\mathrm{th}}$ abgeschätzt werden. Dies ist die Zeit, nach der die optische Eindringtiefe und die thermische Eindringtiefe durch Wärmeleitung identisch sind, und beträgt im Fall von Wasser und NIR-Strahlung $\tau_{\mathrm{th}} = 11\,\mathrm{ms}$ nach Werner [77]. Auch wenn die optische Eindringtiefe mit ca. $75\,\mu\mathrm{m}$ deutlich größer als die Kanaldicke mit nur $40\,\mu\mathrm{m}$ ist, kann die Relaxationszeit als Maß für die durch die Wärmeleitung geprägte Antwortzeit des Systems verwendet werden.

Etwas direkter an unserem System ist die Betrachtung des Wärmeflusses durch das Kanalvolumen hin zum Chipsubstrat, welches als Wärmebad angenommen wird. Ziel ist es, ein zeitliches Maß dafür zu finden, in welcher Zeit die thermische Energie im Fluid der Engstelle durch Wärmeleitung an die Kanalwand abgegeben wird, sobald keine Einkopplung von Energie mehr stattfindet. Für eine isolierte Betrachtung, in der weder Konvektion noch gerichteter Fluidstrom stattfindet, kann angenommen werden, dass der Energieverlust durch Veränderung der Temperatur $\rho C V \cdot \frac{\mathrm{d}T}{\mathrm{d}t}$ gleich dem Wärmetransport durch die angrenzende Fläche $A_V$ ist

$$\rho CV \cdot \frac{\mathrm{d}T}{\mathrm{d}t} = -hA_\mathrm{V}\left(T(t) - T_\mathrm{WB}\right) \tag{3.3.68}$$

mit der Wärmedurchgangszahl $h$ und der Wärmebadtemperatur $T_\mathrm{WB}$. Mit der Temperaturdifferenz $\Delta T(t) = T(t) - T_\mathrm{WB}$ und der Zeitkonstante $\tau_\mathrm{th} = \rho CV/hA_\mathrm{V}$ lässt sich die Differentialgleichung

$$\frac{\mathrm{d}\Delta T}{\mathrm{d}t} + \frac{1}{\tau_\mathrm{th}} \cdot \Delta T = 0 \tag{3.3.69}$$

aufstellen, mit folgender Lösung für die Temperaturdifferenz

$$\Delta T(t) = \Delta T(0) \cdot \mathrm{e}^{-t/\tau_\mathrm{th}}. \tag{3.3.70}$$

Für ein homogenes Material kann die Wärmedurchgangszahl als Quotient aus Wärmeleitfähigkeit $\lambda$ und Materialdicke $d$ geschrieben werden $h = \lambda/d$. Die Zeitskala durch Wärmeleitung ergibt somit

$$\tau_\mathrm{th} = \frac{\rho CVd}{\lambda A_\mathrm{V}}. \tag{3.3.71}$$

Um eine Abschätzung für die Wärmeleitung innerhalb des Fluids zu erlangen, berechnen wir die Zeitkonstante für die Wärmeleitung von der oberen Hälfte des Kanals an einer Engstelle durch die untere Hälfte. Somit erhalten wir eine Zeitskala, mit der sich die Temperatur innerhalb des Fluids durch Wärmeleitung ausgleichen und die Energie an das umgebende Chipmaterial abgeben würde. Für typische Kanalhöhen von 40 µm, Kanalbreite von 100 µm und die Wärmeleitfähigkeit von Wasser $\lambda = 0{,}598\,\mathrm{W\ K^{-1}m^{-1}}$ berechnet sich eine Zeitskala von $\tau_\mathrm{th} = 2{,}8\,\mathrm{ms}$.

Für typische Abmaße und Parameter sind die Bereiche der Zeitkonstanten einzeln in Abbildung 3.19 dargestellt.

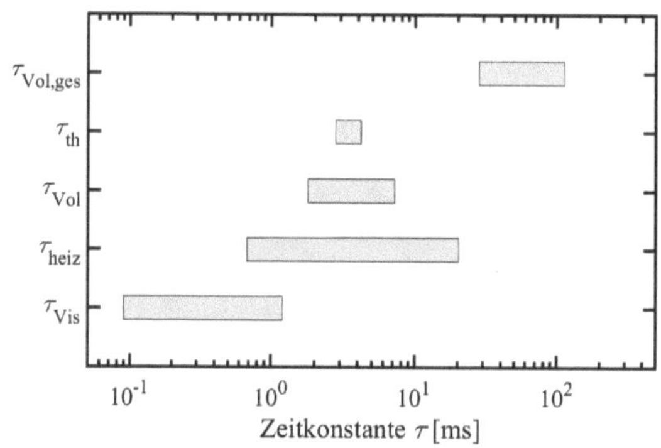


**Abb. 3.19:** Typische Wertebereiche für die Zeitkonstanten, aufgelistet nach ihren Ursachen. Die Annahmen für die Berechnung der Zeitkonstanten sind: $\tau_\mathrm{Vol,ges}$: $V_\mathrm{IIges} = 0{,}047\,\mu\mathrm{l}$, $50\,\mu\mathrm{l/min} \leq Q_\mathrm{II} \leq 200\,\mu\mathrm{l/min}$; $\tau_\mathrm{th}$: $40\,\mu\mathrm{m} \leq h \leq 60\,\mu\mathrm{m}$, $b = 100\,\mu\mathrm{m}$, Quarzglas; $\tau_\mathrm{Vol}$: $V_\mathrm{II} = 0{,}006\,\mu\mathrm{l}$, $50\,\mu\mathrm{l/min} \leq Q_\mathrm{II} \leq 200\,\mu\mathrm{l/min}$; $\tau_\mathrm{heiz}$: $40\,\mathrm{K} \leq \Delta T \leq 70\,\mathrm{K}$, $P_\mathrm{heiz} = 0{,}5\,\mathrm{W}$, $V_\mathrm{H} = 9 \cdot 10^{-4}\,\mu\mathrm{l}$, $Q_\mathrm{II} = 100\,\mu\mathrm{l/min}$; $\tau_\mathrm{Vis}$: $20\,\mu\mathrm{m} \leq a \leq 50\,\mu\mathrm{m}$, $1{,}3 \leq L_\mathrm{Verb.Abschn} + L_\mathrm{Engstelle}/L_\mathrm{Engstelle} \leq 3$

In Tab. 3.4 sind die limitierenden Einflussgrößen noch einmal zusammengefasst und ihre typischen Größen mit den verbundenen Gestaltungszielen aufgelistet. Hier ist auffällig, dass aus den beschriebenen Zusammenhängen widersprüchliche Gestaltungsziele resultieren. So ist es vorteilhaft, die Widerstandsänderung durch Energieeintrag $\frac{R_{II}(T_1)}{R_{II}(T_0)}$ zu vergrößern, um einen größeren veränderbaren Volumenstrom $\Delta Q_S$ und somit eine größere Schaltamplitude zu erhalten. Dies ist durch mehr Heizleistung möglich oder durch einen reduzierten Volumenstrom $Q_{II}$. Für einen schnellen Schaltvorgang ist jedoch ein geringeres $Q_{II}$ nachteilig, da sich die Zeit $\tau_{Vol}$ vergrößert, in welcher das Fluid in der Engstelle ausgetauscht wird. Hier muss abgewogen werden, ob der Schaltvorgang schneller oder robuster ausgelegt werden soll.

**Tab. 3.4:** Übersicht der für den Schaltvorgang limitierenden Faktoren und daraus abgeleitete Gestaltungs-Vorgaben

| Einflussgröße | typ. Größe | Einh. | Einfluss auf | Zusammenhang | Gestaltungs-Vorgabe |
|---|---|---|---|---|---|
| $R_N/R_{I/II}$ | 0,2 – 0,25 | [1] | $\Delta Q_S/Q_{II}^{t0}$ | (3.3.13), (3.3.24) | $R_N \downarrow, R_{I/II} \uparrow$ |
| $\frac{R_{II}(T_1)}{R_{II}(T_0)}$ | 0,25 – 1 | [1] | $\Delta Q_S/Q_{II}^{t0}$ | (3.3.54), (3.3.43) | $P_{heiz} \uparrow, Q_{II} \downarrow$ |
| $a_{II}$ | 20 – 50 | [µm] | $\tau_{Vis}, \tau_{th}$ | (3.3.66), (3.3.71) | $a \downarrow$ |
| $V_{II}$ | 0,004 – 0,010 | [mm³] | $\tau_{Vol}$ | (3.3.67) | $V_{II} \downarrow, Q_{II} \uparrow$ |

Die maximale Schaltfrequenz $f_{max}$ errechnet sich aus

$$f_{max} = \frac{1}{\tau_{ein} + \tau_{halt} + \tau_{aus}}, \tag{3.3.72}$$

wobei $\tau_{ein}$ die Zeitkonstante beim Einschalten, $\tau_{aus}$ beim Ausschalten und $\tau_{halt}$ die Dauer bezeichnet, für welche der Schalter im geschalteten Zustand gehalten wird. Um hohe Schaltfrequenzen zu ermöglichen, werden daher niedrige Zeitkonstanten angestrebt. Wie sich $\tau_{ein}$ und $\tau_{aus}$ aus den betrachteten theoretischen Werten zusammensetzen und welche Zeitkonstanten den opto-kalorischen Schaltvorgang dominieren, soll experimentell untersucht werden.

# 4 Auslegung des opto-kalorischen Schalters

In diesem Kapitel wird die Auslegung des hier untersuchten opto-kalorischen Schalters beschrieben, dieser ist in Abb. 4.1 dargestellt.

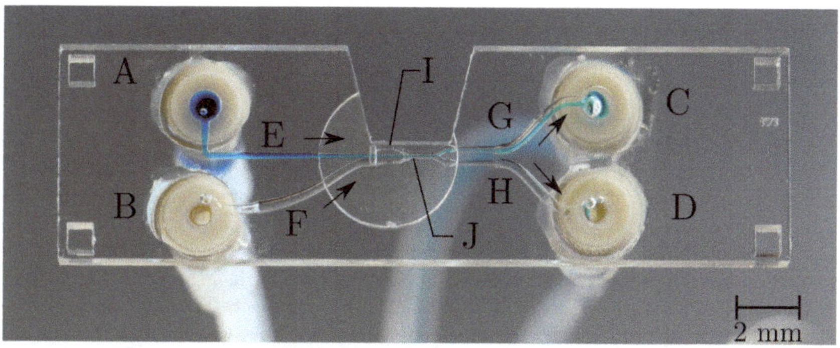


**Abb. 4.1:** Foto des opto-kalorischen Sortier-Chips mit blau gefärbtem Analytstrom. A Anschluss Probestrom, B Anschluss Hüllstrom, C Anschluss Sammelstrom, D Anschluss Ausschussstrom, E Probestromkanal, F Hüllstromkanal, G Sammelkanal, H Ausschusskanal, I Engstellen, J Schaltort. Nach [56]

Bei der Auslegung werden verschiedene Einflüsse auf das Schaltverhalten berücksichtigt. Eine Übersicht über die wichtigsten Einflüsse und die Wirkungsketten sind in Abb. 4.2 dargestellt.

### Medium

Als Medium für den Hüllvolumenstrom wird deionisiertes Wasser ohne Zusätze verwendet. Einen störenden Einfluss haben sich bildende Gasblasen, welche sich bevorzugt in der Umgebung der Engstelle bilden oder direkt im beheizten Volumen. Um gelöste Gase zu minimieren, können die Flüssigkeiten zum Entgasen vorher einem Unterdruck und/oder Ultraschall ausgesetzt werden und sollten nicht direkt nach dem Umfüllen verwendet werden. Insbesondere ein längeres Abstehen des Mediums hat sich im Experiment als vorteilhaft erwiesen.

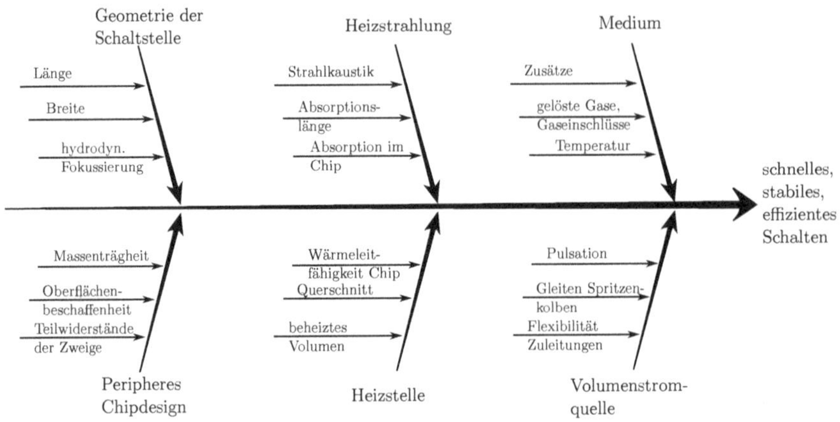


**Abb. 4.2:** Ursache-Wirkungs-Diagramm des opto-kalorischen Schalters mit den wichtigsten Einflussgrößen auf die Schaltwirkung

**Volumenstromquelle**

Die Volumenstromquellen müssen einen konstanten möglichst gleichmäßigen Strom erzeugen. Werden in der Volumenstromquelle z.B. Schrittmotoren eingesetzt, führt das Anfahren der einzelnen Schritte zu Druckerhöhungen, welches sich in einer Schwankung des Volumenstroms äußert. In den hier vorgestellten Experimenten werden Spritzenpumpen mit PID geregelten Servoantrieben (Niederdruck-Modell neMESYS 290N, Cetoni) mit Präzisions-Glasspritzen mit PTFE-Stempel (ILS) verwendet. PTFE-Stempel in Glasspritzen zeigen ein gutes Gleitverhalten und die Verwendung von flexiblen Schläuchen (Tygon LMT-55) dämpft eventuelle Volumenstromspitzen weiter ab. Insbesondere beim Analytstrom mit geringen Volumenströmen im Bereich von 5 µl/min ist dies kritisch. Der Volumenstrom verschiedener anderer Spritzenpumpen (KD Scientific, Landgraf Laborsysteme HLL) aus dem Laborbedarf erwies sich als nicht ausreichend konstant.

## 4.1 Geometrie der Düse und Schaltort

Der Schaltort ist der Kanalbereich zwischen der Düse, bei der der Analytstrom in den Hüllstrom injiziert wird, und der Verzweigung, an welcher sich der Strom in Sammel- und Ausschusstrom verzweigt, vgl. Abb. 3.5. Der Schaltort wird hier im Querschnitt rund ausgeführt, dies ist vorteilhaft für die theoretischen Betrachtungen zur Amplitude aufgrund der vergleichsweise einfachen mathematischen Beschreibung des Strömungsprofils (vgl. Tab. 3.2 und Abschnitt 3.3.2).

Die Düse wird dreidimensional ausgeführt. Fertigungsbedingt sind alle Strukturen mit einer Mindestdicke von größer 30 µm ausgelegt, vgl. Abschnitt 3.3.6, was im Falle der Düse – bestehend aus Analytkanal, Wandung des Analytkanals und Hüllstromkanal – einen Mindestdurchmesser von 150 µm ergibt. Um den hydrodynamischen Widerstand im Verhältnis zur Engstelle klein zu halten, werden Kanalbreiten der Hüllstromkanäle von mindestens 100 µm eingehalten. Für den Ort der Mündung in den Schaltort ergibt sich daher in Summe der Kanaldurchmesser ein Durchmesser von mindestens 230 µm. Für den opto-kalorischen Schalter wurde ein etwas größerer Durchmesser von 250 µm gewählt. Dieser wird am Schaltort beibehalten. Für kleine Reynoldzahlen $Re < 100$ ist zu erwarten, dass sich das Strömungsprofil nach einer Strecke vom Ein- bis Zweifachen des Durchmessers an das eines idealen Rohrs mit rundem Querschnitt angepasst hat (vergleiche die Simulationsergebnisse von Bruus in Abb. 3.2, [63]). Um sicher zu gehen, dass dies hier der Fall ist, wird die Länge von der Düsenöffnung zur Verzweigung mit 1 mm als das Vierfache des Durchmessers festgelegt.

## 4.2 Periphere Chipgestaltung

Die Verbindungskanäle für den Hüllvolumenstrom und die Ablaufkanäle sind mit Durchmessern größer 300 µm groß gewählt, um zusätzliche hydrodynamische Widerstände zu reduzieren und das Ätzen bei der Fertigung durch größere Diffusionsquerschnitte zu unterstützen. Der Kanal zum Zuführen des Analyten ist durch Belichten einer einzelnen Linie möglichst dünn ausgelegt, um durch höhere Strömungsgeschwindigkeiten ein Anhaften und Sedimentieren von Partikeln an der Kanalwand zu reduzieren, und ist im Durchmesser am Ort vor der Düse auf ca. 40 µm bis 50 µm limitiert durch den Fertigungsprozess.

Die Kanallängen sind so ausgelegt, dass die Engstellen ungefähr gleich weit entfernt liegen von den vier Anschlüssen am Chip, damit beim Ätzprozess diese zuletzt freigelegt werden und die feinen Strukturen erhalten bleiben.

## 4.3 Laserstrahlheizen und Gestaltung des Heizorts

Das Laserstrahlheizen basiert auf der Absorption von Laserlicht in Wasser und ist in Abschnitt 3.3.2 näher ausgeführt. Mit einem Absorptionskoeffizienten von $\alpha > 130\,\mathrm{cm}^{-1}$ bei der Zentralwellenlänge von 1930 nm beträgt die Absorptionslänge weniger als 75 µm. Um möglichst viel der verwendeten optischen Leistung in das Fluid einzubringen, sollte daher der Weg der Laserstrahlung durch das Fluid länger als die Absorptionslänge sein. Innerhalb einer Absorptionslänge werden ca. 63 % der optischen Leistung absorbiert.

Der hydrodynamische Widerstand der Heizorte muss so groß sein, dass der restliche Widerstand zwischen Heizort und Schaltort sowie zwischen Heizort und Hüllstromkanal relativ gesehen vernachlässigbar ist. Für die in Abb. 4.3 eingezeichneten Widerstände bedeutet dies, dass $R_{\mathrm{I}} >> R_{\mathrm{IN1}}, R_{\mathrm{IN2}}$ und $R_{\mathrm{II}} >> R_{\mathrm{IIN1}}, R_{\mathrm{IIN2}}, R_{\mathrm{IIN3}}$ gelten soll. Um dies zu gewährleisten, werden Engstellen geschaffen. Der Kanal wird am Heizort flach, mit einer Höhe von 40 µm, ca. der Hälfte der Absorptionslänge, und einer Breite von 100 µm, dem zwei- bis dreifachen der Höhe, ausgelegt. Des Weiteren ist dieser verengte Bereich mit mehr als 1 mm Länge relativ zur Breite und Höhe lang, was es ermöglicht, durch zweifaches Falten in der Vertikalen (z-Richtung) drei Lagen übereinander zu legen. Dies ist als S-artiger Verlauf des Kanals in Abb. 4.4 (c) zu sehen.

Der in der Seitenansicht zu sehende mäanderförmige Kanalverlauf hat bei einer Kanalhöhe von 40 µm und einer Breite von 100 µm einen hohen Widerstand und ermöglicht gleichzeitig durch das dreifache Durchstrahlen des Kanals eine Absorptionsstrecke von 120 µm und damit einen Energieeintrag von ca. 80 % der optischen Leistung. Die Breite von 100 µm ermöglicht hierbei das flächige Einkoppeln der Laserstrahlung. In Abb. 4.5 (a) ist ein Bild der Engstelle und in (b) eine Zeichnung in Seitenansicht abgebildet.

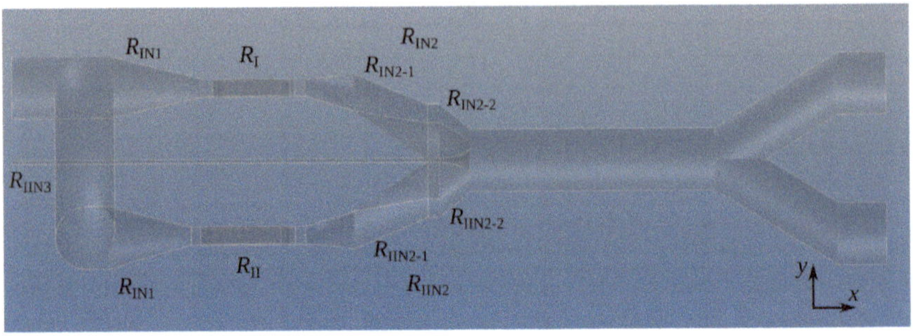


**Abb. 4.3:** Kanalsystem des opto-kalorischen Schalters mit eingezeichneten Teilwiderständen

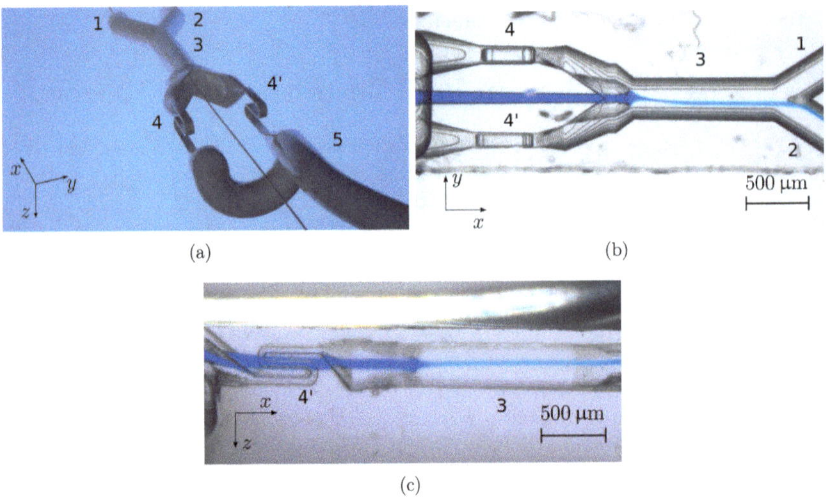


**Abb. 4.4:** Nahansichten des Kanalystems um die Engstellen, Schaltort und Verzweigung. In (a) ist ein Computer-generiertes Bild mit Fokus auf die Engstellen abgebildet, in (b) ist eine Draufsicht und in (c) eine Seitenansicht von den Engstellen bis hin zu der Verzweigung zu sehen. 1 Sammelkanal, 2 Ausschusskanal, 3 Schaltort, 4 und 4' Engstellen mit unterschiedlichen Längen. Nach [56]

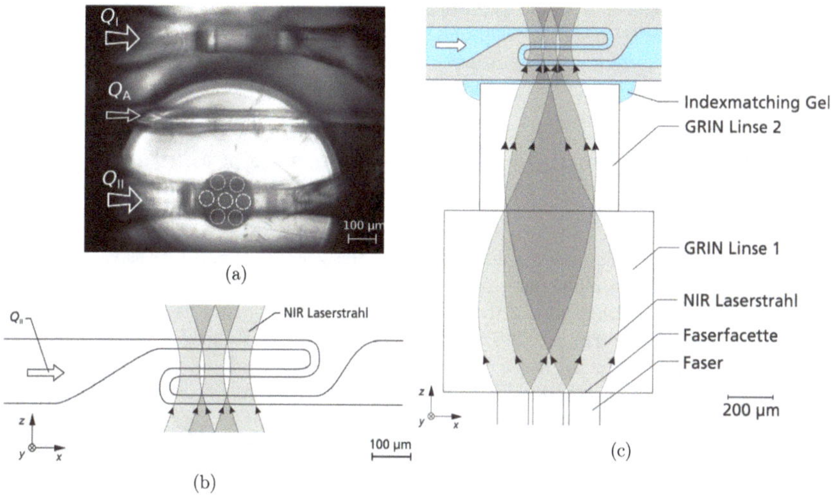


**Abb. 4.5:** Gestaltung des Heizortes für das Laserstrahlheizen. In (a) ist der Heizort mit den im Hintergrund zu sehenden Faserfacetten abgebildet. Drei der Faserfacetten, welche den Bereich des Mäanders bestrahlen, sind durch fett gestrichelte Kreise gekennzeichnet. In (b) ist eine Zeichnung in Seitenansicht des Mäanders dargestellt. Dargestellt sind die Strahlverläufe ausgehend von drei nebeneinander liegenden Faserenden durch die drei Lagen des Mäanders. In (c) ist der optische Aufbau dargestellt. Die Längen der Gradientenindex Linsen sind nicht maßstabsgetreu. Nach [56]

Für das Laserstrahlheizen wurde ein Laserdiodenbarren mit 10 Einzelemittern aus AlGaIn/AlSb so aufgebaut, dass die Strahlung jedes Emitters in eine separate Glasfaser mit einem Kerndurchmesser von 100 µm eingekoppelt wird. Die Emitter sind weiterhin einzeln elektrisch kontaktiert, sodass jeder Emitter über eine für diese Anwendung entwickelte Elektronik für eine spezifische Zeit mit einer vorher individuell definierten Stromstärke beschickt wird. Die Eigenschaften der Strahlquelle werden im Anhang in Abb. A.2 untersucht.

Von den 10 Fasern werden sieben Fasern zu einem Faserbündel zusammengefasst und gemeinsam in einer SMA Ferrule konfektioniert, sodass auf der Ferrulen Facette die sieben Faserenden dicht nebeneinander liegen. Durch eine 2:1 Abbildung werden die Faserkerne auf die Engstelle II abgebildet, sodass die Strahlung mehrerer Fasern den vorderen Bereich des Mäanders beleuchtet und durch die drei Lagen des Mäanders hindurchtritt. Abbildung 4.5 (a) zeigt ein Mikroskopbild der Engstellen mit den markierten Positionen der abgebildeten Faserenden. Der optische Aufbau mit der Abbildung der Faserfacetten durch zwei GRIN Linsen auf den vorderen Teil des Mäanders ist im Bildteil (c) dargestellt.

## 4.4 Strömungsauslegung des opto-kalorischen Schalters

Die Volumenstromverhältnisse im nicht-geschalteten Zustand werden passiv eingestellt, d.h. allein durch die Kanalgeometrie bestimmt und nicht durch z.B. aktiv gesteuerte Pumpen oder Ventile. Dies wird durch Abstimmung der Widerstände verschiedener Kanalstrecken zueinander erreicht. Bei der Gestaltung werden mögliche Schwankungen der Fertigungsverfahren berücksichtigt, um Auswirkungen dieser gering zu halten. Bei dem hier genutzten Fertigungsverfahren SLE führen leichte Abweichungen der Prozessparameter, wie Laserstrahlparameter oder pH-Wert der Ätzlösung, zu unterschiedlichen Ätzraten des belichteten Volumens und somit zu veränderter Selektivität des Ätzens. Eine hohe Selektivität beim Ätzen erlaubt lange schmale Kanäle, welche sich in den Anfangsbereichen des Kanals nur gering durch unspezifisches Ätzen geweitet haben. Geringe Selektivitäten verursachen eine stärkere Verbreiterung in den Anfangsbereichen, die Kanäle verjüngen sich stärker zur Mitte des Kanalsystems hin. Schwankt die Selektivität bei der wiederholten Fertigung der Strukturen, entstehen mikrofluidische Chips, die unterschiedlich stark sich verjüngende Kanäle besitzen und somit auch unterschiedliche Eigenschaften haben. Da der Querschnitt mit $1/r^4$ in den hydrodynamischen Widerstand einfließt (vgl. Kapitel 3.1.3), kann dies bei verzweigten Kanalsystemen beachtlichen Einfluss auf die Flussverteilung haben. Wird darauf geachtet, dass die Bereiche, welche durch ihren Widerstand zum Einstellen der Strömungsverhältnisse genutzt werden, den gleichen Abstand zu den (Ätz-)Öffnungen haben und den gleichen Querschnitt, wirken sich die Fertigungsschwankungen identisch aus und die Widerstandsverhältnisse bleiben erhalten. Durch Anpassen der jeweiligen Länge dieser Kanäle wird ein Widerstandsverhältnis gewählt, welches nicht abhängig von dem Kanalquerschnitt und somit stabil gegen Fertigungsschwankungen ist.

Für die beiden zur hydrodynamischen Fokussierung und zum Ablenken der Partikel notwendigen Hüllströme wird ein gemeinsamer Zulaufkanal gewählt, welcher sich so spät wie möglich in die beiden Einzelströme auftrennt. Jeweils eine Engstelle befindet sich hier im Strom, um das Strömungsverhältnis einzustellen. Eine der Engstellen kann durch Laserstrahlung erwärmt werden und besitzt durch eine größere Länge bei gleichem Querschnitt einen höheren hydrodynamischen Widerstand als die andere Engstelle und sorgt

**Tab. 4.1:** Übersicht der geschätzten Teilwiderstände im Kanalsystem des opto-kalorischen Schalters

| Hydrodynamischer Widerstand | Näherung | geometrische Größen bzw. Zusammensetzung | Widerstandswert [µPa s/mm³] |
|---|---|---|---|
| $R_{\mathrm{I}}$ | rechteckiger Kanal | $L = 1{,}14\,\mathrm{mm}$<br>$h = 0{,}04\,\mathrm{mm}$<br>$w = 0{,}1\,\mathrm{mm}$ | $2{,}86 \cdot 10^9$ |
| $R_{\mathrm{II}}$ | rechteckiger Kanal | $L = 1{,}29\,\mathrm{mm}$<br>$h = 0{,}04\,\mathrm{mm}$<br>$w = 0{,}1\,\mathrm{mm}$ | $3{,}2 \cdot 10^9$ |
| $R_{\mathrm{IN1}} = R_{\mathrm{IIN1}}$ | stumpfer Kegel | $L_0 = 0{,}35\,\mathrm{mm}$<br>$a_1 = 0{,}125\,\mathrm{mm}$<br>$a_2 = 0{,}11\,\mathrm{mm}$ | $5{,}0 \cdot 10^6$ |
| $R_{\mathrm{IN2-1}}$ | stumpfer Kegel | $L_0 = 0{,}35\,\mathrm{mm}$<br>$a_1 = 0{,}14\,\mathrm{mm}$<br>$a_2 = 0{,}11\,\mathrm{mm}$ | $3{,}0 \cdot 10^6$ |
| $R_{\mathrm{IN2-2}}$ | stumpfer Kegel | $L_0 = 0{,}35\,\mathrm{mm}$<br>$a_1 = 0{,}14\,\mathrm{mm}$<br>$a_2 = 0{,}23\,\mathrm{mm}$ | $1{,}0 \cdot 10^6$ |
| $R_{\mathrm{IN2}} = R_{\mathrm{IIN2}}$ | | $R_{\mathrm{IN2-1}} + R_{\mathrm{IN2-2}}$ | $3{,}9 \cdot 10^6$ |
| $R_{\mathrm{IIN3}}$ | runder Kanal | $L_0 = 0{,}94\,\mathrm{mm}$<br>$a_1 = 0{,}125\,\mathrm{mm}$ | $9{,}9 \cdot 10^6$ |
| $R_{\mathrm{Iges}}$ | | $R_{\mathrm{I}} + R_{\mathrm{IN1}} + R_{\mathrm{IN2}}$ | $2{,}9 \cdot 10^9$ |
| $R_{\mathrm{IIges}}$ | | $R_{\mathrm{II}} + R_{\mathrm{IIN1}} + R_{\mathrm{IIN2}} + R_{\mathrm{IIN3}}$ | $3{,}3 \cdot 10^9$ |

somit für einen asymmetrischen Strömungsverlauf bzw. eine Auslenkung des Analytstroms am Schaltort im nicht-geschalteten Zustand.

Alle anderen Kanalabschnitte sind, so weit es praktikabel ist, symmetrisch ausgelegt, um andere Einflüsse auf die Position des Analytstroms zu reduzieren.

Vorversuche haben ergeben, dass durch Heizleistungen von bis zu 1 W bei einem Widerstandsverhältnis der Engstellen zueinander von ca. $(R_{\mathrm{I}} + R_{\mathrm{N}})/(R_{\mathrm{II}} + R_{\mathrm{N}}) = 0{,}85$ bis 0,90 durch das Heizen eine Verschiebung der Analytstromposition erreicht werden kann, die bezogen auf die Mitte des Kanals symmetrisch zur ungeschalteten Position ist.

In Tab. 4.1 sind die mit den Zusammenhängen aus Kapitel 3.1.3 abgeschätzten hydrodynamischen Widerstände der Teilkanäle aufgeführt. Die Abschätzung gibt lediglich eine grobe Orientierung, da die hier verwendeten Formen durch runde, kegelförmige und rechteckige Kanalquerschnitte genähert werden und nicht die Bedingung unendlicher Länge erfüllen. Dennoch wird deutlich, dass die Widerstände in den Engstellen drei Größenordnungen größer ausfallen als in den anderen Teilbereichen. Die Engstellen haben einen Gesamtanteil an den jeweiligen Widerständen von ungefähr $R_{\mathrm{II}}/R_{\mathrm{IIges}} \approx R_{\mathrm{I}}/R_{\mathrm{Iges}} \approx 0{,}99$ und ein Verhältnis zueinander von $R_{\mathrm{IIges}}/R_{\mathrm{Iges}} = 0{,}88$.

**Tab. 4.2:** Übersicht der Reynoldzahlen im Kanalsystem des opto-kalorischen Schalters für 20 °C (90 °C). Als charakteristische Länge wurde die kleinste Breite in dem Bereich verwendet und für die charakteristische Geschwindigkeit die zweifache mittlere Geschwindigkeit

| Ort | Hüllvolumenstrom | | | | |
|---|---|---|---|---|---|
| | 50 µl/min | 100 µl/min | 200 µl/min | 300 µl/min | 400 µl/min |
| Schaltrort | 8 (31) | 17 (61) | 34 (122) | 51 (183) | 68 (244) |
| Engstelle | 8 (30) | 17 (60) | 33 (120) | 50 (180) | 67 (240) |

## 4.5 Untersuchung des Strömungsregimes - Reynoldzahlen

Die bisherige Betrachtung der Widerstände und Strömungsprofile setzt voraus, dass zu jeder Zeit eine laminare Strömung vorliegt. Wenn turbulente Strömungen am Schaltort auftreten, kommt es zu zeitlich nicht stabilen Wirbeln, die die Bahnkurven der zu sortierenden Partikel unvorhersehbar ändern und somit ein zuverlässiges Sortieren verhindern.

Um abzuschätzen, ob eine laminare Strömung vorliegt, werden die Reynoldzahlen am Schaltort und an den Engstellen im Bereich von typischen Hüllvolumenströmen zwischen $50\,\mu l/min < Q_H < 400\,\mu l/min$ bestimmt. Die Werte sind in Tab. 4.2 aufgelistet. Für den nicht geheizten Fall bleibt die Reynoldzahl unter 100 und für den Fall einer Erwärmung auf 90 °C werden Werte bis knapp 250 erreicht. Bei 100 °C wird für 400 µl/min in der Engstelle eine Reynoldzahl von $Re = 276$ erreicht. Diese sind immer noch eine Größenordnung kleiner als 2300, was als Grenzwert für den Übergang von laminarem zu turbulentem Strom in geraden Kanälen mit runden Querschnitten gilt, vgl. Abschnitt 3.1.2. Aufgrund der sich auf kurzen Strecken stark verändernden Kanalgeometrien und der fertigungsbedingt welligen Kanaloberflächen ist jedoch bei hohen Temperaturen ein lokales Einsetzen turbulenter Strömungen nicht auszuschließen.

# 5 Methoden zur Charakterisierung des opto-kalorischen Schalters und Sortierers

Die Charakterisierung des opto-kalorischen Schalters gliedert sich in zwei Abschnitte. Zuerst werden die Methoden zur Untersuchung des Schaltverlaufs erarbeitet. Hierfür wird der Analytstrom eingefärbt und der zeitlich aufgelöste Strömungsverlauf analysiert.

Als Zweites werden Methoden entwickelt, um das opto-kalorische Sortieren zu untersuchen. Auf der Basis einer Vielzahl aufgezeichneter Einzelpartikelereignisse wird die Fähigkeit untersucht, Partikel mit einer fluoreszenzmarkierten Eigenschaft aus dem Analytstrom abzutrennen und dem Sammelkanal zuzuführen. Als Analyt dient hier eine wässrige Suspension mit kommerziell erhältlichen eingefärbten Mikropartikeln.

## 5.1 Hydrodynamisches Schalten

Die Untersuchung des hydrodynamischen Schaltens wird in zwei Schritten durchgeführt. Im ersten Schritt werden die Rohdaten verarbeitet und Datenpunkte mit der Information über den Ort des Analytstroms und den Zeitpunkt extrahiert. Im zweiten Schritt werden mit den zeitaufgelösten Ortsinformationen Kenngrößen für die zeitliche und die volumetrische Charakteristik ermittelt.

### 5.1.1 Datenerfassung und Rohdatenverarbeitung

Um das hydrodynamische Schalten zu untersuchen, werden Experimente mit einem gefärbten Analytstrom durchgeführt. Durch mikroskopische Serienbildaufnahmen mit einem typischen zeitlichen Abstand von 3 ms bis 10 ms wird am Schaltort der zeitabhängige Strömungsverlauf des Analyten aufgezeichnet.

Ein mit Matlab® erstelltes Programm wertet jedes Bild einzeln aus und bestimmt die $y$-Position des Analytstroms $A'_\mathrm{a}(t_\mathrm{i})$ an dem Ort $x_\mathrm{A}$, wie in Abb. 5.1 dargestellt. Jedes Bild trägt einen Zeitstempel, der die $y$-Position einem Zeitpunkt $t_\mathrm{i}$ zuordnet. Die Helligkeitswerte im $y$-Schnitt (senkrecht zur Flussrichtung) am Ort $x_\mathrm{A}$ werden durch arithmetische Mittelung von 3 bis 5 benachbarten $y$-Spalten gebildet und der Kontrast durch Abzug eines Untergrundbilds erhöht. Durch Anpassung einer Gaußschen Glockenkurve an das Helligkeitsprofil des $y$-Schnittes wird, wie in Abb. 5.1(c) zu sehen, die Position des Farbstroms $A'_\mathrm{a}(t_\mathrm{i})$ bestimmt.

Nach Aufnahme aller $y$-Positionen ergibt sich die zeitlich veränderliche Auslenkung $A_\mathrm{a}$ durch Differenzbildung:

$$A_\mathrm{a}(t_\mathrm{i}) = A'_\mathrm{a}(t_\mathrm{i}) - \bar{A}'_\mathrm{a}(t_\mathrm{aus}) \qquad (5.1.1)$$

mit $t_i$ dem Zeitpunkt der Bildaufnahme und $t_{aus}$ einem Zeitpunkt im ausgeschalteten Zustand.

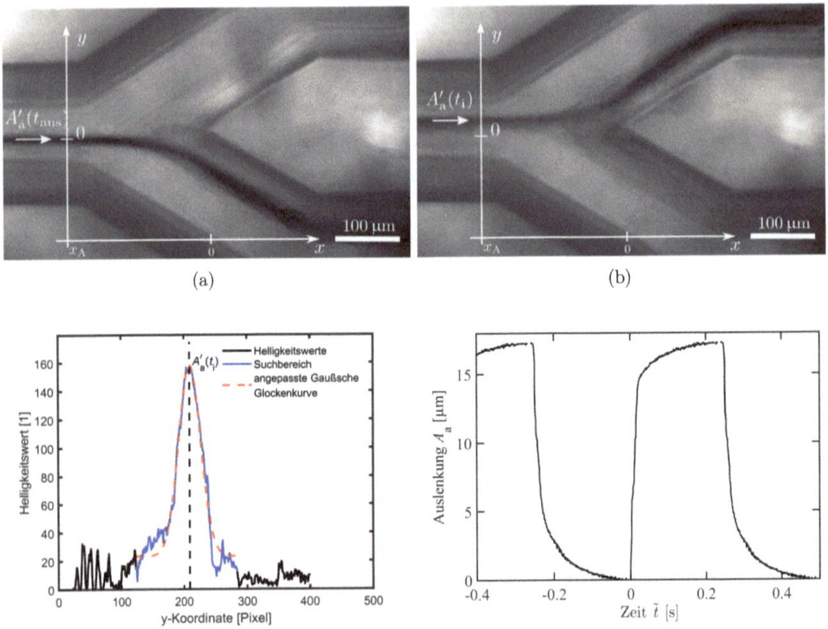


(a) (b) (c) (d)

**Abb. 5.1:** Bildanalyse zur Bestimmung der $y$-Position des Analytstroms $A'_a(t_i)$ am Ort $x_a$ zur Zeit $t_i$. Dargestellt ist (a) ein nicht-geschalteter Zustand ($t_{aus}$), (b) ein geschalteter Zustand, (c) der y-Schnitt der Helligkeitswerte mit angepasster Gaußschen Glockenkurve und (d) der zeitliche Verlauf einer auf diese Weise bestimmten Auslenkung. Nach [56]

Die so erhaltenen Datenpunkte liegen 3 ms bis 20 ms auseinander. Um für die Folgeauswertung eine höhere zeitliche Datendichte zu erhalten, wird ausgenutzt, dass durch periodisches Schalten der (nahezu) gleiche Vorgang sich in festen Zeitabständen wiederholt, und durch die kurze Belichtungszeit der Einzelaufnahmen von ca. 50 µs und die bekannten Aufnahmezeitpunkte, über mehrere Perioden hinweg viele Datenpunkte bei unterschiedlichen Zuständen erfasst werden. Durch ein zeitliches Anordnen der Datenpunkte auf eine Schaltperiode $T$ mit $\tilde{t}_i = t_i - n \cdot T$, $n \in \mathbb{N}$ und n so gewählt, dass $\tilde{t}_i \in [0 \dots T]$ erfüllt ist, wird somit die zeitliche Auflösung deutlich erhöht, wie es auch z.B. bei Stroboskop-Aufnahmen üblich ist.

### 5.1.2 Ort der Amplitudenbestimmung

Durch die im vorigen Abschnitt vorgestellte Methode wird die zeitlich abhängige Auslenkung $A_a(\tilde{t}_i)$ am Ort $x_A$ bestimmt. Hierbei wird für $x$ aufgrund der guten Wiederfindbarkeit die vorderste Ecke der Verzweigung als Ursprung gewählt, vgl. Abb. 5.1. Im Idealfall wird der Ort $x_A$ so gewählt, dass sich nach der Vereinigung des Hüll- und des Analyt-Stroms ein stabiles Strömungsprofil ausgebildet hat und die experimentell bestimmte Amplitude $A$ der Auslenkung $A_a(\tilde{t}_i)$ nicht mehr von der Wahl von $x_A$ abhängt. Nach Bruus sollte dies für kleine Reynoldzahlen nach der Störung des Strömungsprofils in einem Abstand von unter dem Kanaldurchmesser und für größere Reynoldzahlen in einem Abstand von wenigen Kanaldurchmessern der Fall sein [63]. Im Experiment sind jedoch zwei Phänomene zu beobachten, welche einer Entkopplung der Amplitude vom Auswerteort entgegenwirken. Zum einen wird auf der Länge des gesamten Bereichs zwischen Düse und Verzweigung kein Gleichgewicht des Strömungsprofils erreicht. Die Amplitude verändert sich entlang des Schaltortes kontinuierlich hin zu größeren Werten. Zum anderen ist eine systematische ortsabhängige Variation der Amplitudenbestimmung zu beobachten. Dies ist darauf zurückzuführen, dass die innen liegenden Oberflächen der Mikrofluidik nicht ideal glatt sind und zusammen mit Verunreinigungen zu örtlichen Beeinträchtigungen der Abbildung des Farbstroms beitragen. Um dies zu analysieren, werden über die komplette erfasste Länge zwischen Düse und Verzweigung für jeden $x$-Wert alle im zeitlichen Verlauf angenommenen Auslenkungen $A'_a(t_i)$ weiß eingezeichnet. Es entsteht das in Abb. 5.2(a) dargestellte Bild mit einem sich öffnenden trompetenförmigen Analyt-Verlaufsensemble. Zur besseren Darstellung sind die jeweiligen Extremalwerte der Auslenkung in schwarz nachgezeichnet. Die vertikale Breite des weißen Bereichs kann als Indikator für die Größe der Amplitude betrachtet werden. Zu sehen ist eine größer werdende Spreizung der Auslenkungen, was für eine flussabwärts größer werdende Amplitude spricht, und eine unregelmäßige Variation dieser Spreizung entlang der $x$-Richtung, was abschnittsweise zu einer Variation der bestimmten Amplitudenwerte führt. Dies ist auch deutlich in Abb. 5.2 (b) zu erkennen, in welcher die maximale Amplitude in Abhängigkeit des Ortes aufgetragen ist. Auch die Schaltzeit zeigt eine räumliche Abhängigkeit. In 5.2 (b) ist $\tau_{\text{ein},63}$ aufgetragen, welche im nächsten Abschnitt näher definiert wird. Die im Verlauf auftretenden kleineren Sprünge sind hervorgerufen durch die unregelmäßigen zeitlichen Abstände der Bildaufnahmen und der damit verbundenen ungenauen Abtastungen des Auslenkungsverlaufs.

Bei der systematischen Untersuchung verschiedener Einflussgrößen auf den Analytstrom ist es daher von Vorteil, Messergebnisse miteinander in Beziehung zu setzen, welche am gleichen Ort $x_A$ und bei gleichen Abbildungsbedingungen bestimmt wurden. Die im folgenden vorgestellten Amplitudenwerte wurden, wenn nicht anders angegeben, am Ort $x_A = -375\,\mu\text{m}$ ermittelt.

### 5.1.3 Maximale Schaltamplitude und Schaltzeiten

Der auf diese Weise gewonnene Verlauf der Analytauslenkung $A_a(\tilde{t}_i)$ kann unterschiedliche Formen annehmen. Bei moderaten Heizleistungen sind beim Einschalten und beim Ausschalten sich asymptotisch an einen konstanten Wert annähernde Verläufe zu verzeichnen. Bei höheren Heizleistungen und bei größeren Volumenströmen kommt es zu Abweichungen, insbesondere beim Verlauf des Einschaltens. Später werden diese als laminarer bzw. als turbulenter Verlauf charakterisiert. In Abb. 5.3 sind beispielhaft drei Verläufe abgebildet. Durch Anpassen von Kurven werden Kennzahlen gewonnen, die den Vergleich der Schaltverläufe bei unterschiedlichen Parametern ermöglichen.

Diese Kennzahlen sind die maximale Schaltamplitude $A_S$ und die Einschaltzeit $\tau_{\text{ein}}$ bzw. Ausschaltzeit $\tau_{\text{aus}}$. Die maximale Schaltamplitude ist die Auslenkung, die der Analytstrom beim Schaltvorgang maximal einnimmt. Die Schaltzeiten sind die beim Ein- bzw. beim Ausschalten auftretenden dominierenden Zeitkonstanten, die in einer exponentiellen

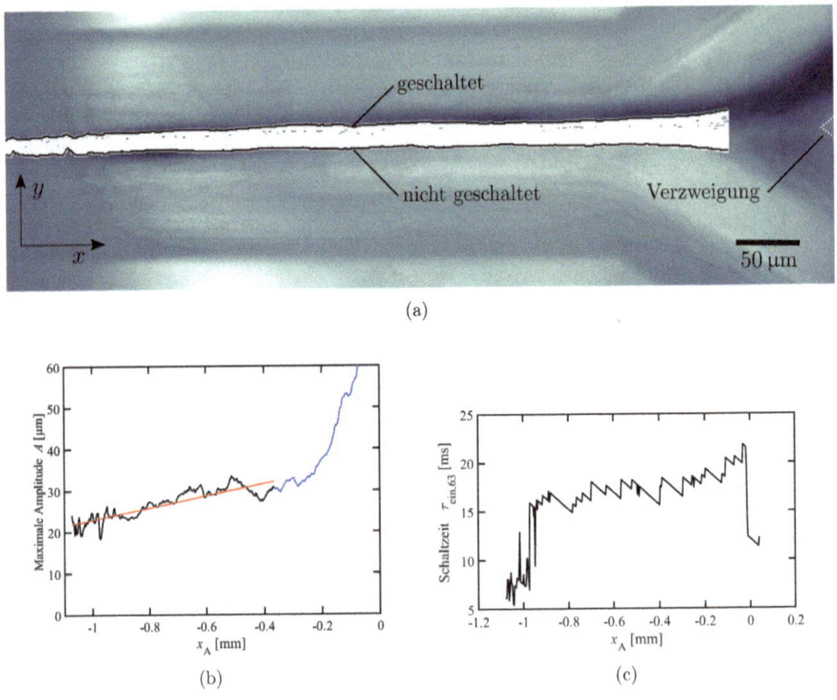


**Abb. 5.2:** Einfluss des Auswerteorts auf die Bestimmung der Amplitude des Analytstroms und die Schaltzeit. In (a) sind die Analytstrompositionen zu allen Messzeiten als weiße Linien eingezeichnet. Die Breite des weißen Bereichs kann als Indikator für die Größe der Amplitude verwendet werden. In (b) ist die maximale Amplitude $A$ entlang $x_A$ aufgetragen. In rot ist eine an die schwarz eingefärbten Messwerte angepasste Gerade eingezeichnet. In (c) ist die Schaltzeit $\tau_{ein,63}$ aufgetragen (siehe nächstes Kapitel). Der Analytvolumenstrom betrug 3 µl/min, der Hüllvolumenstrom 100 µl/min und die Heizleistung 590 mW.

Form den Verlauf der Auslenkung beschreiben.

Aufgrund der unterschiedlichen Verlaufsformen und Dynamiken werden verschiedene Funktionen an die Messwerte angepasst und nur das Ergebnis der am geeignetsten erscheinenden Anpassung wird für die folgenden Betrachtungen verwendet.

Zunächst werden an die ersten 200 ms jedes Einschalt- bzw. Ausschaltabschnitts der Verläufe zwei Funktionen angepasst. Zusätzlich wird beim Einschalten die maximale Auslenkung $A_{50\text{ms}}$ innerhalb der ersten 50 ms bestimmt und die Zeitspanne $\tau_{\text{ein},63} = \tilde{t}_\text{j} - t_0$ zwischen dem Einschalten des NIR-Lasers und dem ersten Wert, für welchen gilt

$$A_a(\tilde{t}_\text{j}) \geq (1 - \text{e}^{-1}) \cdot A_{50\text{ms}} \approx 0{,}63 \cdot A_{50\text{ms}}, \tag{5.1.2}$$

ermittelt.

Als Funktionen werden eine zweiteilige und eine einteilige Exponentialfunktion verwendet. Als zweiteilige Exponentialfunktion für das Einschalten wird

$$A_\text{a}(t) = A_{\text{S,ein}} \cdot \left(1 - (1 - \gamma_\text{ein}) \cdot \text{e}^{-(t-t_0)/\tau_{\text{ein},1}} - \gamma_\text{ein} \cdot \text{e}^{-(t-t_0)/\tau_{\text{ein},2}}\right) + A_{0,\text{ein}} \tag{5.1.3}$$

und für das Ausschalten

$$A_\text{a}(t) = A_{\text{S,aus}} \cdot \left((1 - \gamma_\text{aus}) \cdot \text{e}^{-(t-t_0')/\tau_{\text{aus},1}} + \gamma_\text{aus} \cdot \text{e}^{-(t-t_0')/\tau_{\text{aus},2}}\right) + A_{0,\text{aus}} \tag{5.1.4}$$

verwendet. Hierbei werden $\tau_{\text{ein},1}$ und $\tau_{\text{ein},2}$, bzw. $\tau_{\text{aus},1}$ und $\tau_{\text{aus},2}$ immer so gewählt, dass der Index „2“ die größere der beiden Zeitkonstanten beschreibt. Die Parameter $t_0$ und $t_0'$ sind fest und werden nicht mit angepasst, $A_{0,\text{ein}}$ und $A_{0,\text{aus}}$ dienen der räumlichen Versatzkorrektur. Die Schaltamplituden $A_{\text{S,ein}}$ und $A_{\text{S,aus}}$ sind im Idealfall identisch. Der Faktor $\gamma$ gibt an, welcher Anteil an der Gesamtamplitude von der Exponentialfunktion mit der größeren Zeitkonstante $\tau_{\text{ein/aus},2}$ beigetragen wird.

In manchen Fällen werden die zweiteiligen Exponentialfunktionen von den Algorithmen derart angepasst, dass die Werte der einzelnen Parameter eine Bewertung des Verlaufs erschweren. In diesen Fällen wird auf eine einteilige Exponentialfunktion für das Einschalten

$$A_\text{a}(t) = A_{\text{S,ein}}' \cdot \left(1 - \text{e}^{-(t-t_0)/\tau_\text{ein}'}\right) + A_{0,\text{ein}}' \tag{5.1.5}$$

und für das Ausschalten

$$A_\text{a}(t) = A_{\text{S,aus}}' \cdot \text{e}^{-(t-t_0')/\tau_\text{aus}'} + A_{0,\text{ein}}' \tag{5.1.6}$$

verwendet.

In Abb. 5.3 sind die an Messdaten angepassten Funktionen für verschiedene typische Verläufe dargestellt.

Die Schaltamplitude $A_\text{S}$ wird genutzt, um mit dem Zusammenhang (3.3.40) die maximale schaltbare Analytrate $Q_{\text{A,max}}$ zu bestimmen.

Als zusätzlicher Parameter wird die spezifische Amplitude $a_\text{s} = A_\text{S}/P_\text{heiz}$ eingeführt, welche als Maß für die effektive Nutzung der eingebrachten Heizleistung verwendet werden kann.

Eine Übersicht der verwendeten Zeitkonstanten zeigt Tab. 5.1. Anhand des Parameters $\gamma$ in der angepassten zweiteiligen Exponentialfunktion (5.1.3) bzw. (5.1.4) lassen sich verschiedene Fälle unterscheiden und die dominierende Zeitkonstante für den jeweiligen Schaltablauf bestimmen. Für den laminaren Fall werden die Verläufe durch die zweiteilige Exponentialfunktion meist gut beschrieben. Für das Ausschalten im turbulenten

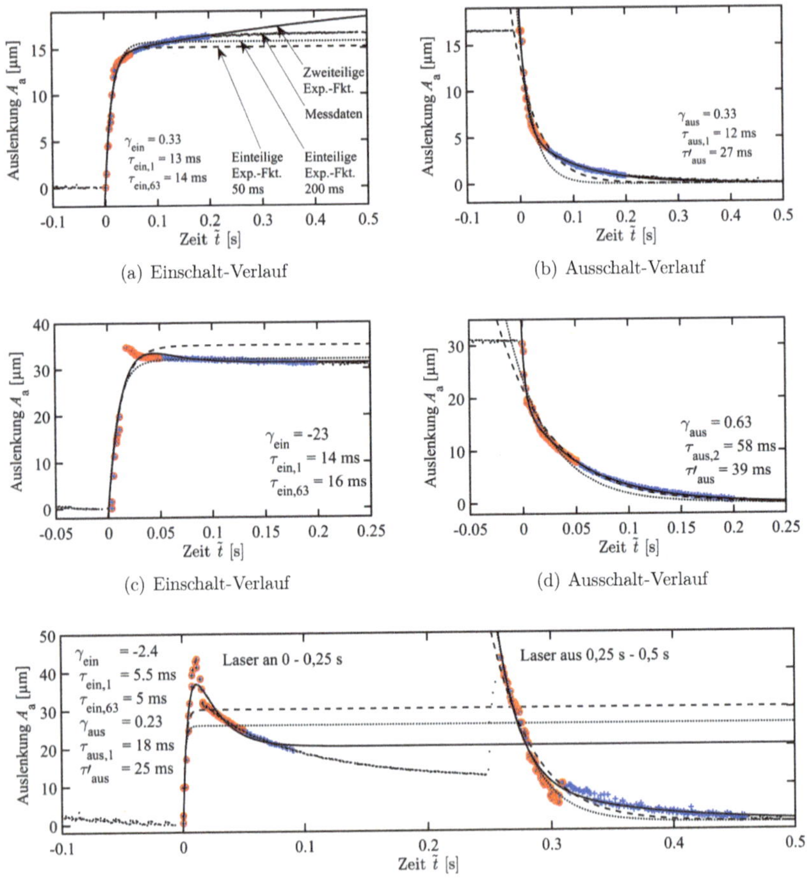


(a) Einschalt-Verlauf

(b) Ausschalt-Verlauf

(c) Einschalt-Verlauf

(d) Ausschalt-Verlauf

(e) Ein- und Ausschalt-Verlauf

**Abb. 5.3:** Kennzahlenextraktion aus den zeitlichen Auslenkungsverläufen für (a) und (b) bei einer Heizleistung von 220 mW, für (c) und (d) bei einer Heizleistung von 411 mW und (e) für eine Heizleistung von 880 mW. Der Hüllvolumenstrom betrug jeweils 200 µl/min. Die jeweils durchgezogene Linie entspricht dem Ergebnis für eine angepasste zweiteilige Exponentialfunktion auf die Datenpunkte der ersten 200 ms, gekennzeichnet durch blaue Kreuze. Die gepunkteten Kurven entsprechen der auf diese Datenpunkte angepassten einfachen Exponentialfunktion. Die gestrichelten Kurven entsprechen den angepassten Funktionen auf die Datenpunkte der ersten 50 ms, gekennzeichent durch rote Kreise.

Fall erzielt das Anpassen der zweiteiligen Exponentialfunktion die Verläufe ebenso gut nachbildende Kurven. Für das Einschalten im turbulenten Fall reicht die Anzahl an Datenpunkten auf der ansteigenden Flanke zumeist nicht für eine ausreichend zuverlässige Anpassung der Funktionen, weshalb hier auf die Ermittlung von $\tau_{\mathrm{ein},63}$ zurückgegriffen wird.

Hierbei ist der Wert der Zeitkonstante $\tau_{\mathrm{ein},63}$ jedoch stärker davon abhängig, dass der Zeitpunkt des Einschaltens des Laserstrahls genau bestimmt wurde und dass genügend Datenpunkte auf der steigenden Flanke des Verlaufs vorhanden sind. Aufgrund der Zeiterfassung der einzelnen Bilder sind diese nur in Zeitschritten von 1 ms aufgelöst. Der typische Abstand zwischen zwei Datenpunkten beträgt 1 bis 2 ms, jedoch kommt es kurz nach dem Einschalten des Laserstrahls durch den sich verschiebenden Farbstrom zu einer Kontrastverringerung in den Aufnahmen, weshalb in Einzelfällen die Position des Farbstroms nicht zuverlässig bestimmt werden kann und der zugehörige Datenpunkt entfällt. In diesen Fällen entstehen kleine Lücken in den Messdaten im Bereich der ansteigenden Flanke, was in der Auswertung zur Bestimmung von tendenziell größeren Zeitkonstanten führt.

**Tab. 5.1:** Anwendungsbereiche der verschiedenen experimentell ermittelten Zeitkonstanten und Schaltamplituden als charakteristische Größe für die Schaltvorgänge

| Anwendungsbereich | | Symbol | Methode | Formel |
|---|---|---|---|---|
| Einschaltverlauf | | $\tau_{\mathrm{ein}} =$ | | |
| $(0 < \gamma_{\mathrm{ein}} < 0{,}5)$ | & $(\tau_{\mathrm{ein},2} < 0{,}2\,\mathrm{s})$ | $\tau_{\mathrm{ein},1}$ | zweiteil. Exp.-Funktion 200ms | (5.1.3) |
| $(0{,}5 < \gamma_{\mathrm{ein}} < 1)$ | & $(\tau_{\mathrm{ein},2} < 0{,}2\,\mathrm{s})$ | $\tau_{\mathrm{ein},2}$ | zweiteil. Exp.-Funktion 200ms | (5.1.3) |
| $(0 < \gamma_{\mathrm{ein}} < 1)$ | & $(\tau_{\mathrm{ein},2} > 0{,}2\,\mathrm{s})$ | $\tau_{\mathrm{ein},1}$ | zweiteil. Exp.-Funktion 200ms | (5.1.3) |
| $\gamma_{\mathrm{ein}} \leq 0$ | | $\tau_{\mathrm{ein},63}$ | Auslenkung größer $0{,}63 \cdot A_{50\mathrm{ms}}$ | (5.1.2) |
| Ausschaltverlauf | | $\tau_{\mathrm{aus}} =$ | | |
| $\gamma_{\mathrm{aus}} < -0{,}5$ | | $\tau'_{\mathrm{aus}}$ | einteil. Exp.-Funktion 200ms | (5.1.6) |
| $-0{,}5 < \gamma_{\mathrm{aus}} < 0{,}5$ | | $\tau_{\mathrm{aus},1}$ | zweiteil. Exp.-Funktion 200ms | (5.1.4) |
| $0{,}5 < \gamma_{\mathrm{aus}} < 1$ | | $\tau_{\mathrm{aus},2}$ | zweiteil. Exp.-Funktion 200ms | (5.1.4) |
| Schaltamplitude | | $A_{\mathrm{S}} =$ | | |
| $(0 < \gamma_{\mathrm{ein}} < 1)$ | & $(\tau_{\mathrm{ein},2} < 0{,}3\,\mathrm{s})$ | $A_{\mathrm{S,ein}}$ | zweiteil. Exp.-Funktion 200ms | (5.1.3) |
| $(0 < \gamma_{\mathrm{ein}} < 1)$ | & $(\tau_{\mathrm{ein},2} > 0{,}3\,\mathrm{s})$ | $A'_{\mathrm{S,ein}}$ | einteil. Exp.-Funktion 200ms | (5.1.5) |
| $\gamma_{\mathrm{ein}} \leq 0$ | | $A_{50\mathrm{ms}}$ | max. Auslenkung in 50 ms | |

In Abb. 5.4 sind die ermittelten Zeitkonstanten $\tau_{\mathrm{ein},1}$ und $\tau_{\mathrm{ein},63}$ in der Gesamtheit der Einzelmessungen aufgetragen und nach ihren durch den $\gamma_{\mathrm{ein}}$-Wert bestimmten Fällen eingefärbt. Unter der Annahme, dass die Ortsbestimmung selber keiner Messungenauigkeit unterworfen ist, werden durch die Methode für die Bestimmung von $\tau_{ein,63}$ systematisch zu große Werte bestimmt, da die zeitliche Abtastung der Auslenkung Lücken aufweist. Wenn die anderen Methoden den Verlauf der Auslenkung besser abbilden, müssen diese daher kleinere Werte der Schaltzeit bestimmen. In Abb. 5.4 ist dies für die eingezeichneten Werte unterhalb der Diagonalen der Fall. Für die Werte oberhalb der Diagonalen muss angenommen werden, dass die angepassten Funktionen den Verlauf ungenügend abbilden. Die auch in Abb. 5.3(c) zu erkennende Tendenz, dass die angepasste Funktion bei dem Verlauf mit Richtungsumkehr (turbulenter Verlauf, $\gamma_{\mathrm{ein}} < -0{,}5$) die zeitlich schnelle Änderung der Position nicht vollständig nachbildet, ist daran ersichtlich, dass im Bereich von $\tau_{63} < 15\,\mathrm{ms}$ die Werte für $\tau_{\mathrm{ein},1}$ jeweils zu größeren Werten hin abweichen. Für die stetig steigenden Verläufe (laminarer Verlauf, $0 < \gamma_{ein} < 0{,}5$) ergibt die Anpassung der zweiteiligen Exponentialfunktion die Flanke genauer wieder, was an den überwiegend kleineren Werten von $\tau_{ein,1}$ im Vergleich zu $\tau_{ein,63}$ zu erkennen ist.

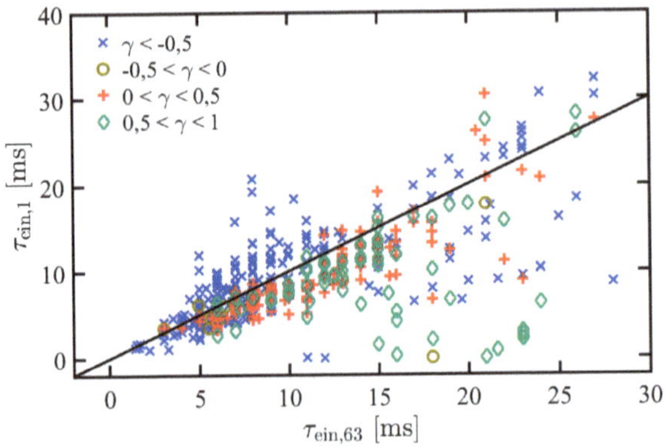


**Abb. 5.4:** Vergleich der experimentell ermittelten Zeitkonstanten $\tau_{ein,1}$ und $\tau_{ein,63}$

### 5.1.4 Laminare und turbulente Schaltverläufe

Die im vorigen Abschnitt eingeführte Größe $\gamma$ eignet sich zur Beschreibung des Schaltverlaufs. In Abb. 5.3 sind drei Schaltzustände dargestellt, welche deutlich in der Form variieren. In (a) und (b) sind stetig steigende bzw. fallende Auslenkungsverläufe zu sehen, welche sich durch zweiteilige exponentielle Sättigungskurven annähern lassen. Dies ist gekennzeichnet durch einen $\gamma$-Wert in der Funktion (5.1.3) von $0 < \gamma_{ein} < 1$ und entspricht den Erwartungen von laminaren Strömungsbedingungen bei sich stetig verändernder Viskosität des Fluids.

In Abb. 5.3 (c) und (e) ist beim Einschalten ein abweichendes Verhalten festzustellen. Nach einer Phase des Ansteigens der Auslenkung setzt eine Richtungsumkehr ein, was sich beim Anpassen der zweiteiligen Exponentialfunktion in einem negativen Wert für $\gamma_{ein}$ ausprägt. Dies kann phänomenologisch dadurch erklärt werden, dass durch Erwärmung die Viskosität des Fluids lokal soweit verringert wird, dass Trägheitskräfte beginnen, sich stärker auszuwirken, und sich kleine Bereiche mit turbulenter Strömung ausbilden. Diese Bereiche weisen einen größeren hydrodynamischen Widerstand auf, was zu einer zunehmenden Verringerung der Auslenkung mit steigender Ausdehnung dieser turbulenten Bereiche führt, vgl. Abschnitte 3.1.3 und 3.1.4. Die Temperaturerhöhung in den abgebildeten Fällen lässt sich durch den Zusammenhang (3.3.43) auf maximal $\Delta T = 70\,°C$ für die Parameter in (c) und (d) abschätzen, vgl. Abb. 3.12. Für den Verlauf in (e) wird eine maximale Temperaturerhöhung von größer $100\,°C$ abgeschätzt.

Ein Vergleich mit den in Tab. 4.2 abgeschätzten Reynoldzahlen zeigt, dass diese für eine Temperaturerhöhung auf $T = 90\,°C$ Werte zwischen 30 und 245 annehmen. Somit gilt die Bedingung $Re \ll 1$ für einen laminaren Strom nicht mehr, der Grenzwert für turbulente Strömungen in geraden Kanälen mit runden Querschnitten von 2300 ist jedoch auch noch nicht erreicht. Durch die engen Kanalwindungen und den geringeren Abstand der Reynoldzahlen zu 2300 ist es plausibel, dass die Strömung bei starker Erwärmung auf nahe $T = 100\,°\text{C}$ einen turbulenten Charakter annimmt.

Dieser Ansatz der Erklärung führt zu der Bezeichnung und Unterscheidung der Schaltverläufe in laminare und turbulente Verläufe. Anhand der durch die Anpassung gewonnenen Ergebnisse wurden die folgenden Parameterbereiche zur Unterscheidung festgestellt:

| | | | |
|---|---|---|---|
| Turbulenter Schaltverlauf: | $-1 \leq \gamma_{\text{ein}} < 0$ | & | $\tau_{\text{ein},2} \leq 1\,\text{s}$, |
| | $-15 \leq \gamma_{\text{ein}} < -1$ | & | $\lVert\tau_{\text{ein},1} - \tau_{\text{ein},2}\rVert \geq 2{,}4\,\text{ms}$, |
| | $-24 \leq \gamma_{\text{ein}} < -15$ | & | $\lVert\tau_{\text{ein},1} - \tau_{\text{ein},2}\rVert \geq 0{,}3\,\text{ms}$. |
| Laminarer Schaltverlauf: | $0 \leq \gamma_{\text{ein}} \leq 1$, | | |
| | $-1 \leq \gamma_{\text{ein}} < 0$ | & | $\tau_{\text{ein},2} > 1\,\text{s}$, |
| | $-15 \leq \gamma_{\text{ein}} < -1$ | & | $\lVert\tau_{\text{ein},1} - \tau_{\text{ein},2}\rVert < 2{,}4\,\text{ms}$, |
| | $-24 \leq \gamma_{\text{ein}} < -15$ | & | $\lVert\tau_{\text{ein},1} - \tau_{\text{ein},2}\rVert < 0{,}3\,\text{ms}$. |

Die wesentliche Unterscheidung ist das Vorzeichen von $\gamma_{\text{ein}}$. Bei negativem $\gamma_{\text{ein}}$ sind die beiden Exponentialfunktionen entgegengerichtet, d.h. wenn die Erste steigende Werte aufweist, dann fallen die der anderen. Auf diese Weise kann die für den turbulenten Verlauf charakteristische Richtungsumkehr wiedergegeben werden. Ausgenommen sind zum einen die Fälle mit sehr ähnlichen Zeitkonstanten $\tau_{\text{ein},1}$ und $\tau_{\text{ein},2}$. Hier wirkt sich ein negatives $\gamma_{\text{ein}}$ nur als minimale Formkorrektur aus, ohne die charakteristische Richtungsumkehr zu beschreiben. Zum anderen ist bei großen $\tau_{\text{ein},2}$ der Beitrag durch die zweite Exponentialfunktion so langsam, dass keine wesentliche Formänderung vorliegt, weshalb diese Fälle auch zu den laminaren Verläufen gezählt werden müssen.

## 5.2 Opto-kalorisches Sortieren

Das opto-kalorische Sortieren verbindet den Schaltprozess mit einem Einzelereignis als Auslöser. Dies kann zum Beispiel ein Fluoreszenzsignal eines Partikels sein, welches stromaufwärts vor dem Schaltbereich im Analytstrom detektiert wird. Ist dieses Ereignis positiv, wird der Schalter aktiviert und führt das Partikel im Erfolgsfall dem Sammelkanal zu. Ist das Ereignis negativ, bleibt der Schalter im ungeschalteten Zustand und das Partikel soll im Ausschusskanal landen.

Ob ein Ereignis mit positivem oder auch negativem Signal erfolgreich war, muss im Experiment für den Einzelfall bewertet werden. Ist auf diese Weise eine Vielzahl von Ereignissen erfasst und bewertet worden, kann ausgewertet werden, wie zuverlässig das Sortieren bei den experimentellen Bedingungen funktioniert, und dies kann durch die Größe der Sortiersicherheit quantifiziert werden.

Eine hohe Sortiersicherheit wird erzielt, wenn der Schalter zuverlässig ein über die Zeit definiertes Volumenpaket des Analytstroms schaltet und wenn die Partikel ohne große Variation des Zeitpunkts, der Bahn und der Geschwindigkeit in den Kanalbereich zwischen Düse und Schaltort eintreten und sich somit in diesem Volumenpaket befinden. Aufgrund verschiedener Einflüsse unterliegen diese Einzelereignisse der Partikel einer Streuung. Um die Möglichkeiten des opto-kalorischen Sortierens zu untersuchen, können die Einzelereignisse klassifiziert werden und so die Sortierrichtigkeiten für ein System mit geringerer Streuung der Einzelereignisse prognostiziert werden. Die Streuung könnte hierbei in weiterführenden Arbeiten durch gezielte Änderungen des Chips verringert werden.

### 5.2.1 Ereigniserfassung und -bewertung

Die Aufnahme eines Ereignisses wird durch das Fluoreszenzsignal am Detektionsort ausgelöst. Ab diesem Zeitpunkt werden mehrere Steuersignale mit festem zeitlichem Verlauf, wie sie in Abb. 5.5(a) dargestellt sind, ausgelöst.

Mit wenigen Mikrosekunden Verzögerung wird der NIR-Laser zum Einbringen der optischen Leistung für eine definierte Heizdauer aktiviert (grüne Kurve). Zur gleichen Zeit wird der Anregungslaser für die Partikeldetektion deaktiviert (violette Kurve). Dieser würde durch zusätzlich gestreutes Fluoreszenzlicht aus anderen Tiefenebenen während der Bildaufnahme zu einem erhöhtem Signaluntergrund führen und den Kontrast verringern. Außerdem wird die Belichtungszeit der Kamera gestartet (rote Kurve). Mit Verzögerung hingegen wird der Beleuchtungslaser für die Bildaufnahme aktiviert (türkise Kurve). Wie in der Abbildung zu sehen ist, wird die Belichtungszeit so gewählt, dass die Beleuchtung innerhalb dieser Zeit liegt. Ist die Beleuchtung noch während des Auslesens des Kamerachips aktiv, werden die zum Ausleseregister shiftenden Pixel weiter belichtet und nehmen zusätzliches Signal auf. Es kommt zu Artefakten, ähnlich dem Schweif am Detektionsort, und einem erhöhten Untergrund-Signal im Bild. Erst nachdem der Auslesevorgang des Kamerachips abgeschlossen ist, wird als Letztes der Laser für die Fluoreszenzdetektion wieder aktiviert. Durch das Deaktivieren des Detektionslasers wird auch kein Fluoreszenzsignal mehr erfasst und das Auslösen eines neuen Sortiervorgangs während eines laufenden Sortiervorgangs verhindert.

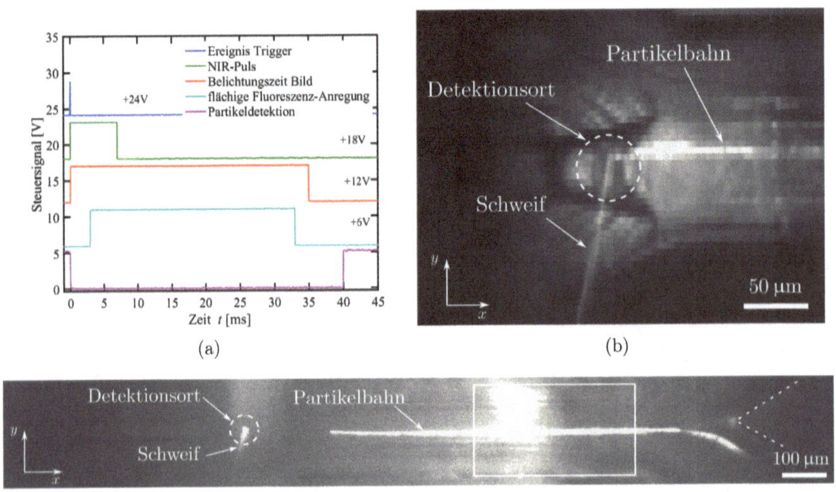


(a) (b) (c)

**Abb. 5.5:** Methodik zur Aufnahme von Sortier-Ereignissen. (a) Timing-Diagramm der Steuersignale für verschiedene Komponenten des Sortierers, (b) Ausschnitt des aufgenommenen Bildes mit der Düse des Sortierers, dem Detektionsort und der dort beginnenden Bahn eines Partikels, (c) ein mit dieser Methodik aufgenommenes Gesamtbild im nicht geschalteten Zustand (vgl. auch das Lichtbild 4.4(b))

Beim Auslösen einer Bildaufnahme wird zuerst der Kamerachip von vorher gesammelten Ladungsträgern geleert, um ein etwaiges Signal von vor der Belichtungszeit zu löschen und um den Chip in einen definierten Zustand zu bringen. Dies geschieht durch Verschieben der Pixelladungen des gesamten Bildes zu einer Seite hin, bis alle Ladungen entfernt wurden. Bildlich gesprochen schiebt sich von einer Seite ein leeres Bild auf den Chip. In der hier verwendeten Anordnung geschieht dies in der Bildrichtung von oben bzw. in negativer $y$-Richtung. Während dieses Vorgangs bleibt der Chip lichtsensitiv, was dazu führt, dass vom Detektionslaser angeregtes Fluoreszenzlicht des sich bewegenden Partikels die hineinschiebende leere Pixelladung (das leere Bild) erhöht und ein steiler nach unten-links gerichteter heller Schweif im Bild entsteht. Dieser ist in Abb. 5.5(b) und (c) zu sehen.

Wird die flächige Fluoreszenzanregung aktiviert, wird die Bahn des fluoreszierenden Partikels belichtet und im Bild festgehalten. Ist der Belichtungslaser nicht verzögert, schließt sich die Bahn direkt an den Schweif an, wie es im Teilbild (b) zu sehen ist. Ist der Belichtungslaser jedoch verzögert, entsteht eine Lücke zwischen Schweif und Partikelbahn (vgl. Teilbild (c)), welche genutzt werden kann, um die mittlere Partikelgeschwindigkeit zwischen dem Detektionsort am oberen Ende des Schweifs und dem Beginn der Partikelbahn zu ermitteln.

### Erzeugung von Negativ-Ereignissen

Um für die Bestimmung der Sortierrichtigkeit auch eine Negativ-Probe untersuchen zu können, wird bei jedem zweiten Ereignis der Heizlaser nicht aktiviert. Auf diese Weise können Ereignisse bei nicht aktiviertem Schalter mit der gleichen Methodik wie der für den aktivierten Schalter untersucht werden.

Aufgenommen werden meist 200 Ereignisse, wobei durch die feste Reihenfolge diese nach aktiviertem und nach deaktiviertem Schalter unterschieden werden.

### Auswahl der Ereignisse

Damit die Auswertealgorithmen angewendet werden können, müssen einige Ereignisse von der weiteren Auswertung ausgeschlossen werden. Dies sind zum einen Ereignisse, bei denen Partikel auf dem Bild festgehalten sind, welche den Trigger nicht ausgelöst haben. Dies ist daran zu erkennen, dass die Partikelbahn vor dem Detektionsort beginnt oder mehrere Bahnen zu sehen sind. Zum anderen sind es Ereignisse, welche nicht auf ein Partikel im Detektionsfokus zurückgehen. Diese sind daran zu erkennen, dass der charakteristische Schweif nicht vorhanden ist und/oder keine Bahn aufgezeichnet wurde.

Diese Bilder werden bei der Auswertung automatisiert erkannt und von der weiteren Auswertung ausgeschlossen. Im Mittel sind dies 2 % der aufgenommenen Bilder.

### Auswertung eines Ereignisses

Aus den Aufnahmen der einzelnen Ereignisse werden die $y$-Positionen der Partikel vor der Verzweigung erfasst. Hierzu werden in dem durch ein Rechteck in Abb. 5.5(c) markierten Bereich die Helligkeitswerte zeilenweise in $x$-Richtung aufsummiert und die Position des Maximalwertes ermittelt. Dieser wird als $y$-Position des Partikels verwendet.

Eine Bewertung des Ereignisses geschieht durch einen Vergleich mit der $y$-Position der Verzweigung (in Teilbild (c) die Spitze des strichliert eingezeichneten Keils). Ist der Wert des Partikels größer, gilt das Ereignis als geschaltet, ist der Wert kleiner, gilt das

Ereignis als nicht geschaltet. Diese Einteilung ist deckungsgleich mit den visuell erfassten Partikelbahnen nach der Verzweigung.

#### Bestimmung der Partikelauslenkung

Von den aufgenommenen 200 Ereignissen bei einem Parametersatz werden somit bis zu 100 mit aktiviertem Schalter und 100 mit deaktiviertem Schalter ausgewertet. Die Differenz zwischen den Mittelwerten der jeweiligen $y$-Koordinaten bildet für den Parametersatz die mittlere Partikelauslenkung $A_\mathrm{P}$. Die jeweiligen Standardabweichungen werden für die Berechnung der Sortiersicherheit herangezogen.

### 5.2.2 Sortierrichtigkeit und Sortiersicherheit

Ausgehend von einer Suspension von Partikeln verschiedener Klassen, welche voneinander getrennt werden sollen, können Maßzahlen für die Sortierrichtigkeit und Sortiersicherheit definiert werden. Die Sortierrichtigkeit $C_\mathrm{A}$ bezeichnet hierbei die Wahrscheinlichkeit dafür, dass ein Objekt der Klasse A in die richtige Fraktion sortiert wird. Für unser System mit nur zwei Klassen A und B entspricht dies der Wahrscheinlichkeit für richtig-positive bzw. richtig-negative Ereignisse.

In dem hier vorliegenden Fall haben die Partikel vor der Verzweigung eine $y$-Position. Liegt der Wert der $y$-Position oberhalb eines kritischen Wertes $y_\mathrm{krit}$ (der $y$-Position der Verzweigung), werden sie im Sammelkanal der Fraktion der positiven Partikel zugeführt. Ist der Wert der $y$-Position kleiner als der des kritischen Werts, wird das Partikel im Ausschusskanal der Negativ-Fraktion zugeführt.

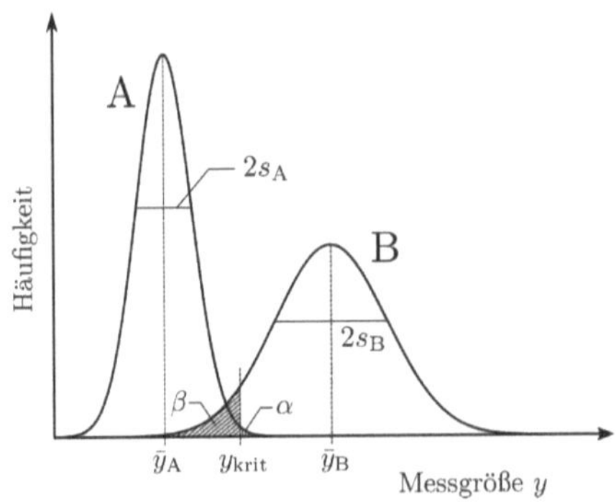


**Abb. 5.6:** Zwei gaußförmige Häufigkeitsverteilungen mit den statistischen Größen zur Bestimmung der Sortiersicherheit

Die $y$-Positionen folgen hierbei einer Gaußschen Normalverteilung $\Gamma(y) = 1/\sqrt{2\pi s^2} \cdot \exp(-(y-\bar{y})^2/2s^2)$ mit dem Mittelwert $\bar{y}$ und der Standardabweichung $s$. In Abb. 5.6 sind zwei Verteilungen für die Fraktionen A und B dargestellt. Die Sortierrichtigkeit für die Klasse A ergibt sich durch

$$C_{\mathrm{A}} = \int_{-\infty}^{y_{\mathrm{krit}}} \frac{1}{\sqrt{2\pi s_{\mathrm{A}}^2}} \cdot \exp\left(-\frac{(y-\bar{y}_{\mathrm{A}})^2}{2s_{\mathrm{A}}^2}\right) \mathrm{d}y \tag{5.2.1}$$

$$= 1 - \alpha \tag{5.2.2}$$

und für die Klasse B durch

$$C_{\mathrm{B}} = \int_{y_{\mathrm{krit}}}^{+\infty} \frac{1}{\sqrt{2\pi s_{\mathrm{B}}^2}} \cdot \exp\left(-\frac{(y-\bar{y}_{\mathrm{B}})^2}{2s_{\mathrm{B}}^2}\right) \mathrm{d}y \tag{5.2.3}$$

$$= 1 - \beta. \tag{5.2.4}$$

wobei hier auch gleich die Wahrscheinlichkeiten für die Fehler erster Art $\alpha$ (falsch-positiv) und zweiter Art $\beta$ (falsch-negativ) eingeführt wurden. Die Sortiersicherheit $C_{\mathrm{AB}}$ ergibt sich aus den beiden Sortierrichtigkeiten mit

$$C_{\mathrm{AB}} = C_{\mathrm{A}} + C_{\mathrm{B}} - 1 \tag{5.2.5}$$

$$= 1 - (\alpha + \beta) \tag{5.2.6}$$

und nimmt somit Werte zwischen −1 bis +1 an. Der Wert 1 wird nur erreicht, wenn beide Objektklassen immer zu 100 % richtig sortiert werden. Der Wert −1 entspricht dem Gegenteil, wenn jede Objektklasse immer zu 100 % falsch sortiert wird (was in der Anwendung einer Fehlparametrierung durch Vertauschen der Kritierien für die Klassen entspricht). Der Wert 0 tritt auf, wenn z.B. die Verteilungen der Objektklassen gleiche Breiten und einen identischen Schwerpunkt haben und daher nicht trennbar sind. Typisch ist der Wert 0 somit für keinerlei Wirkung des Schalters.

Wird nicht die experimentell vorgegebene Mittelposition der Verzweigung als kritischer Wert verwendet, sondern ein idealer kritischer Wert berechnet, so wird eine mit den Verteilungen ideal zu erreichende Sortiersicherheit $C_{\mathrm{ABid}}$ bestimmt. Rechnerisch wird der ideale kritische Wert bestimmt, indem der Wert gesucht wird, bei welchem der Fehler erster Art $\alpha$ und der Fehler zweiter Art $\beta$ identisch sind.

### 5.2.3 Streuung des Einzelereignisses

Jedes Sortierereignis ist unabhängig von den anderen mit einzigartigen Ausgangsparametern. Die wichtigsten Quellen für eine Variation der Ausgangsparameter sind:

- **Partikelbahn**
  Durch die statistische Verteilung der Partikel im Analytstrom folgen diese verschiedenen Stromlinien. Dies hat zur Folge, dass die Partikel unterschiedliche Strecken zum Schaltort zurücklegen müssen. Insbesondere an der Düse der hydrodynamischen Fokussierung treten größere Streckenunterschiede auf, vgl. Abb. 5.7(a), sodass die Partikel in unterschiedlichen Zeitabständen zur Detektion den Schaltort durchqueren.
- **Partikelgeschwindigkeit**
  Aufgrund der unterschiedlichen Bahnen haben die Partikel entsprechend dem Strömungsprofil verschiedene Geschwindigkeiten. Dies führt zusätzlich zu den Wegstrecken zu unterschiedlichen Zeitabständen zur Detektion, in denen die Partikel den

Bereich zwischen Düse und Schaltort durchqueren.

- **Partikelgröße**
  Aufgrund variierender Partikeldurchmesser wirken unterschiedlich starke Trägheits- und Reibungskräfte auf die Partikel. Kleinere Partikel werden besser vom Strom mitgenommen, während größere Partikel aufgrund von größeren Trägheitskräften gekrümmte Strömungslinien verlassen können. Ersichtlich ist dies an der Dissipationszeit, in welcher kinetische Energie durch die Stokes'sche Widerstandskraft $F_{\text{Stoke}} = -6\pi\eta r v$ aufgenommen ist: $\tau_{\text{diss}} = E_{\text{kin}}/F_{\text{Stoke}} \cdot v = r^2 \rho_{\text{Par}}/9\eta$, welche mit dem Partikelradius $r$ im Quadrat skaliert.
- **Partikelfärbung**
  Eine unterschiedlich starke Färbung der Partikel sorgt dafür, dass an unterschiedlichen Zeitpunkten die Fluoreszenzschwelle zum Auslösen des Schaltprozesses überschritten wird. Die Größe der Variation hierdurch wird neben der Färbevariation durch den halben Detektionsfokusdurchmesser in Strömungsrichtung und den halben Partikeldurchmesser bestimmt. Diese liegen in der Regel bei 2 µm bis 25 µm, womit die zeitliche Variation typischerweise im Bereich von 0,1 ms bis 0,8 ms liegt.

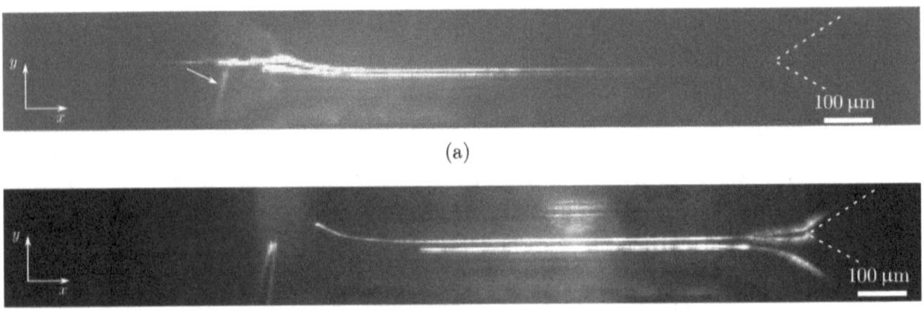


(a)

(b)

**Abb. 5.7:** Beispiele für Quellen der Ereignisvariation im Experiment. Aufgenommen wurden die Bahnen einzelner Partikel durch die Aufzeichnung von Fluoreszenzbildern. Der Zeitraum für die Belichtung ist so gewählt, dass eine längere Bahn der Partikel aufgezeichnet wird. In (a) sind Partikel mit unterschiedlichen Bahnen zu sehen. In (b) wurde zwischen Fluoreszenzdetektion und Belichtungszeit eine Verzögerung eingestellt, sodass die unterschiedlichen Startpunkte in $x$ den unterschiedlichen Geschwindigkeiten und Bahnlängen auf der Strecke zwischen Detektion und Schaltort entsprechen.

### Quellen für Streuung in den experimentellen Daten

Die im Experiment festzustellende Variation der Einzelereignisse hat einen negativen Einfluss auf die Wiederholbarkeit des Schaltens. Die Schaltwirkung muss über einen weiten Parameterbereich stabil sein, damit alle Partikel zuverlässig geschaltet werden.

Der sicher größte Einfluss auf die Schaltwirkung ist die richtige zeitliche Abstimmung zwischen Detektion und Partikelpassage am Schaltort. In den ersten Millisekunden des Heizvorgangs wird die größte Schaltwirkung am Schaltort, direkt hinter der Mündung der Düse, erzielt. Befindet sich das Partikel zu diesem Zeitpunkt noch innerhalb der Düse oder schon weiter flussabwärts, fällt die Schaltwirkung stark vermindert aus. Aufgrund unterschiedlicher Partikelbahnen legen Partikel unterschiedlich lange Strecken mit unterschiedlichen Geschwindigkeiten zurück, weshalb die Zeitdifferenz zwischen Detektion des Partikels und Passage des Schaltorts variiert.

Im Experiment kann diese Variation erfasst werden, indem die zurückgelegte Strecke innerhalb eines Zeitintervalls nach der Detektion gemessen wird. Dies geschieht durch Verzögerung des Einschaltens des Belichtungslasers und die so entstehende Lücke in der aufgenommenen Partikelbahn. In Abb. 5.5(c) ist ein mit dieser Methodik aufgenommenes Bild dargestellt. Hier betrug die Verzögerung 5 ms. Durch Bestimmung des Abstandes zwischen Detektionsort (Ende des Schweifs) und Start der aufgezeichneten Partikelbahn können die Ereignisse einzelnen mittleren Partikelgeschwindigkeiten zugeordnet werden.

Exemplarisch an zwei Parametersätzen ist in Abb. 5.8 die Partikelauslenkung gegen die Partikelgeschwindigkeit aufgetragen. Die schnelleren Partikel befinden sich im Mittelstrom des Analytkanals und die langsameren Partikel im Randbereich. Zur Verdeutlichung des Effekts ist in (a) die Detektion mit 83 µm vor der Düsenöffnung ungünstig weit stromaufwärts positioniert, sodass langsamere Partikel zu spät den Schaltort passieren und nicht mehr von dem geschalteten Strom abgelenkt werden. In (b) ist der Detektionsort mit 41 µm vor der Düsenöffnung besser gewählt, alle Partikel besitzen eine Partikelauslenkung von größer 10 µm, was bei geeigneter Auslegung des Schaltorts für einen erfolgreichen Schaltvorgang hinreichend ist. Außerdem ist zu erkennen, dass für Partikel mit einer Geschwindigkeit von ca. 3 mm/s bis 7 mm/s die zeitliche Abstimmung optimal ist und sie die größten Auslenkungen erfahren.

Bei den im Folgenden ausgewerteten Experimenten wurde ein Detektionsort gewählt, welcher augenscheinlich die stabilste Schaltwirkung erzielt.

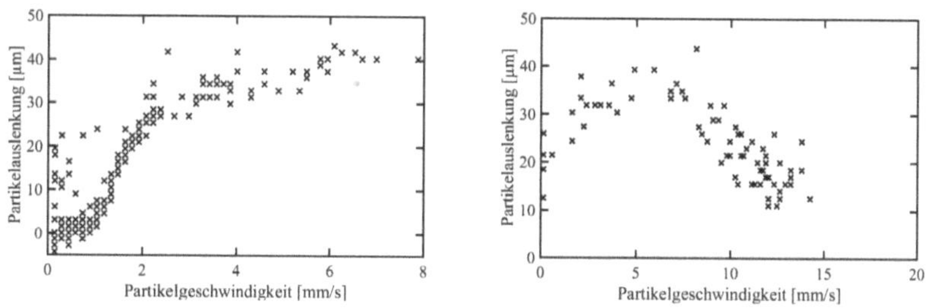


(a) 83 µm vor der Düsenöffnung

(b) 41 µm vor der Düsenöffnung

**Abb. 5.8:** Auswirkung der Variation der Partikelgeschwindigkeit auf die Partikelauslenkung am Beispiel eines Hüllvolumenstroms von 200 µl/min und (a) einer Heizdauer von 10 ms, einer Heizleistung von 746 mW und einem Detektionsort von 83 µm vor der Düsenöffnung und (b) einer Heizdauer von 20 ms und einer Heizleistung von 835 mW und einem Detektionsort von 41 µm vor der Düsenöffnung.

# 6 Experimentelle Aufbauten und Proben

## 6.1 Versuchsaufbau zum Schaltverhalten

Um das Schaltverhalten zu untersuchen, wird dem Analytstrom ein Farbstoff beigesetzt. Als Farbstoff wird Patent Blau V verwendet, der als Lebensmittelfarbe zugelassen ist, ein geringes Gefährdungspotential darstellt und durch seine kräftige blaue Farbe gut zu detektieren ist.

In Abb. 6.1 ist ein Schema des Versuchsaufbaus dargestellt. Der Mikrofluidik-Chip ist fest auf einer Plattform montiert, welche eine Vorrichtung zur Halterung der Faserferrulenaufnahme FFA für die NIR-Heizstrahlung besitzt. Die Faserferrulenaufnahme wird von unten an den Chip herangeführt. Zum Justieren kann diese lateral verschoben und fixiert werden. Sie beinhaltet eine 2:1 Abbildungsoptik, bestehend aus zwei Gradientenindex (GRIN)-Linsen L4 und L5 mit den Brennweiten 0,94 mm und 1,71 mm. GRIN-Linsen werden zusätzlich zur Brennweite durch ihren Pitch charakterisiert. Ein Pitch von 1 entspricht hierbei einer 1:1 Abbildung der Eingangsfacette zur Ausgangsfacette. Ein Pitch von 0,5 entspricht einer invertierenden 1:1 Abbildung und ein Pitch von 0,25 fokussiert einen einfallenden kollimierten Strahl auf die Oberfläche der Ausgangsfacette. Die hier verwendeten GRIN-Linsen, NT64-524 und NT64-526 von Edmund Optics, besitzen jeweils einen Pitch von 0,23, wodurch beidseitig der Linsenanordnung ein Arbeitsabstand entsteht. Durch den Pitch, welcher in Summe kleiner als 0,5 ist, wird ein Arbeitsabstand für die Abbildung der Faserendflächen von 0,24 µm in Luft erzielt. Durch axiales Verschieben und Fixieren der Faserferrule relativ zu den GRIN-Linsen wird die Abbildungsebene an der Engstelle eingestellt.

Für die Videobildaufnahme wird die Mikrofluidik mit der gesamten Plattform durch eine xyz-Verschiebeeinheit unter einer Objektivlinse positioniert. Mit einer achromatischen Objektivlinse L1, Thorlabs AC050-008-B, und einer achromatischen Tubuslinse L2, Thorlabs AC254-100-B, wird ein Abbildungsverhältnis von 1:12,5 auf einer CMOS Kamera, Sumix SMX-150, erzielt. Durch einen 50/50 Strahlteiler wird das Licht einer rot emittierenden LED, Thorlabs LED631E, zur Beleuchtung in den Strahlengang eingekoppelt.

Durch die hohe Absorption des Farbstoffs im roten Spektralbereich wird auf der monochromen Kamera ein kontrastreiches Bild der Analytströmung erzeugt. Die NIR-Laserstrahlung wird periodisch für fest eingestellte Zeiten eingeschaltet, während die Kamera Serienbilder mit Zeitstempel aufzeichnet. Die Serienbildaufnahme läuft über mehrere Schaltzyklen, wobei die Zeitstempel es erlauben, diese den einzelnen Zeitpunkten einer Schaltperiode zuzuordnen. Die Auswertung der so aufgenommenen Bilder ist in Kapitel 5.1.1 beschrieben.

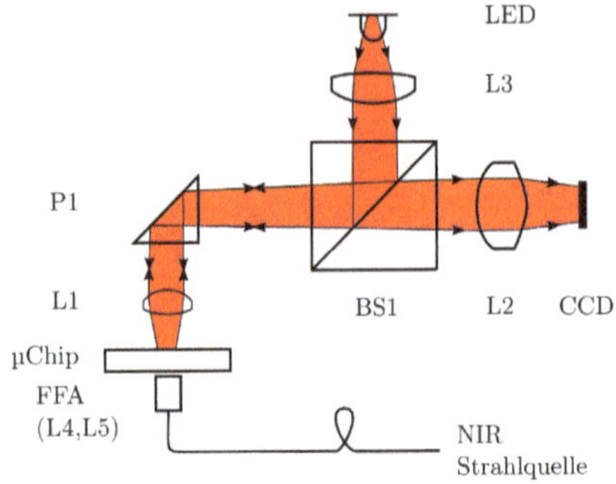


**Abb. 6.1:** Schematische Darstellung des Aufbaus zur Untersuchung des Schaltverhaltens. BS1 Strahlteiler; P1 Umlenkprisma; L1 - L5 Linsen; FFA Faserferrulenaufnahme

## 6.2 Versuchsaufbau zu Ereignisstreuung und Sortierrichtigkeit

Für die Experimente zur Untersuchung der Ereignisstreuung und der Sortierrichtigkeit mit Hilfe von Partikeln wurde ein aufrechter Fluoreszenzmikroskop-Aufbau verwendet. Der Grundkörper des Mikroskops besteht aus kommerziellen Elementen der Firma Olympus, wobei die Optik und Mechanik zur Einkopplung des Beleuchtungslaserstrahls und des Strahlengangs zur Fluoreszenzdetektion eigene Anfertigungen sind. In Abb. 6.2 ist der optische Aufbau schematisch dargestellt.

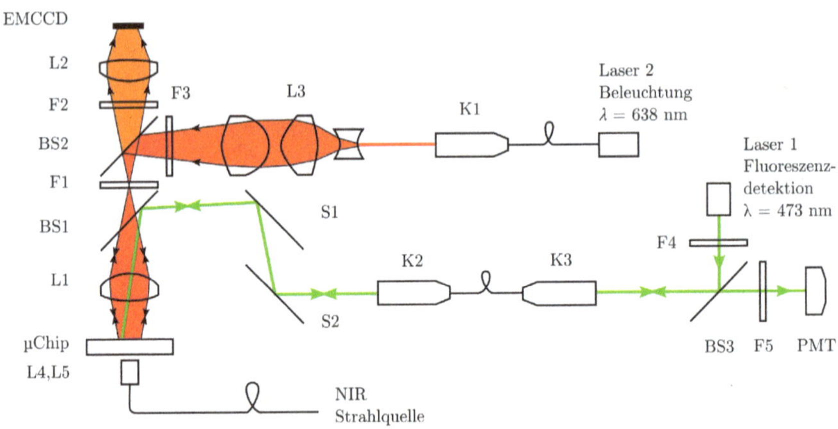


**Abb. 6.2:** Schematische Darstellung des Aufbaus zur Untersuchung der Ereignisstreuung und der Sortierrichtigkeit. L1 - L5 Linsen; BS1 - BS3 Strahlteiler; F1 - F5 optische Filter; S1, S2 justierbare Spiegel; K1 - K3 Kollimatoren; PMT Photomultiplier

Der Mikrofluidikchip in einer mechanischen Halterung mit der unten liegenden Aufnahme der Faserferrule und Abbildungsoptik, bestehend aus den Linsen L4 und L5, zum Einkoppeln der NIR-Laserstrahlung sind identisch zu dem Versuchsaufbau zur Untersuchung des Schaltverhaltens, vgl. Abb. 6.1. Hinzu gekommen ist eine konfokale koaxiale Fluoreszenzdetektion, welche über eine Multimode-Faser mit 50 µm Kerndurchmesser unter Verwendung von zwei Spiegeln S1 und S2 und dem Strahlteiler BS1 an den Mikroskopaufbau angekoppelt ist. Die Fluoreszenzdetektion besteht aus einem fasergekoppelten Diodenlaser Laser 1, LASOS GmbH MCS-4, mit einer Zentralwellenlänge von 473 nm und einem Multianoden-Photomultiplier PMT, Hamamatsu H7546B-20, mit einer im Haus entwickelten Verstärker- und Diskriminator-Elektronik zur Detektion des Photonensignals im Einzel-Photonen-Zähl-Modus. In einer Standard-Konstellation von Laser-Clean-Up-Filter F4, dichroitischem Strahlteiler BS3 und Fluoreszenz-Filter F5 werden die Strahlengänge der Anregungsstrahlung und zur Fluoreszenzdetektion überlagert und in die Multimode-Glasfaser zur Anbindung an das Mikroskop gekoppelt.

In Abb. 6.3 ist ein Blockschaltbild der Erfassungs- und Steuerelektronik dargestellt. Die durch Photonen am PMT ausgelösten Strompulse werden verstärkt und durch einen Schwellwertabgleich zu TTL-Signalen diskriminiert. Von einer echtzeitfähigen FPGA-basierten Auswerteelektronik werden diese TTL-Pulse erfasst und ausgewertet. Überschreitet die Zählrate innerhalb eines einstellbaren Messintervalls eine spezifizierte Schwelle, wird ein TTL-Signal an den Pulsselektor und an einen Digital Delay Generator DDG ausgegeben. Der DDG erzeugt verschiedene Steuersignale, um den Laser 2 für das Fluoreszenz-Bild einzuschalten, den Laser 1 zur Ereignisdetektion während der Bildaufnahme zu deaktivieren und den NIR-Laser für das Schalten für eine definierte Zeit zu aktivieren. Die verwendete Kamera (Newton DU970N-UVB, Andor) besitzt einen signalverstärkenden EMCCD-Sensor. Der zeitliche Verlauf der Steuersignale ist in Abschnitt 5.2.1 beschrieben.

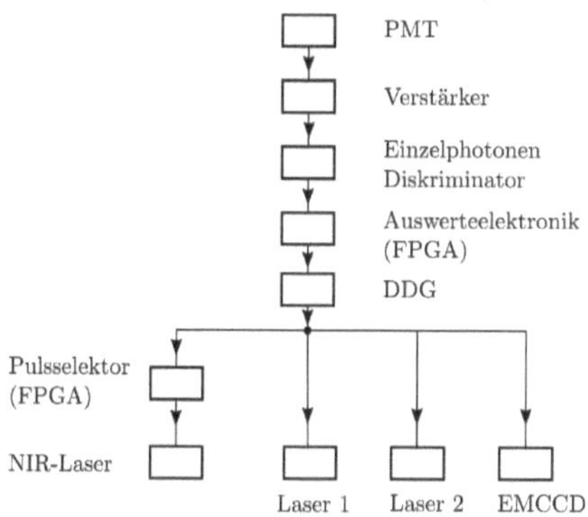


**Abb. 6.3:** Blockschaltbild zur Erfassungs- und Steuerelektronik beim Sortieren. PMT Photomultiplier; DDG Digitaler Delay Generator; EMCCD Kamera

Das Steuersignal vom Digital Delay Generator für den NIR-Schaltlaser wird durch eine weitere FPGA-basierte Elektronik geleitet, die nur jedes zweite Schaltsignal durchlässt. Hierdurch werden Ereignisse abwechselnd im geschalteten und im nichtgeschalteten Zustand erfasst, was die Berechnung der Partikelauslenkung, der Sortierrichtigkeiten und der -sicherheit ermöglicht.

### 6.2.1 Analyseproben und Flüssigkeiten

#### Analytfarbstoff zur Untersuchung des Schaltverhaltens

Für die Untersuchung des Schaltverhaltens wird eine Analytlösung aus deionisiertem Wasser mit einem Zusatz von ca. $7 \cdot 10^{-5}$ mol/l Patent Blau V hergestellt. Patent Blau V gilt als nicht gesundheitsschädlich und ist als Lebensmittel-Farbstoff zugelassen.

#### Analytpartikel für die Ereignisstreuung und die Sortierrichtigkeit

Zur Untersuchung des Sortierprozesses, der Sortierrichtigkeit und -sicherheit werden Ultra Rainbow Partikel der Firma Kisker verwendet. Diese Partikel bestehen aus Polysteren und haben Durchmesser von 6 µm - 10 µm. Sie sind mit einer Mischung aus verschiedenen Fluoreszenzfarbstoffen gefärbt, wodurch sie ein sehr breites Absorptionsspektrum von 350 nm - 700 nm und ein Emissionsspektrum von 380 nm bis 750 nm aufweisen. Dies ermöglicht die Umsetzung der Fluoreszenzdetektion zum Auslösen des Sortiervorgangs im grünen Spektralbereich und die bildgebende Fluoreszenzaufnahme zur Verfolgung des Partikels im Sortierprozess im roten Spektralbereich. Die Partikelsuspensionen werden zu Beginn des Versuchtages mit deionisiertem Wasser auf eine Partikelkonzentration von ca. $10^5\,\mathrm{ml}^{-1}$ verdünnt. Dies entspricht rechnerisch einem mittleren Partikelabstand von ca. 3,6 mm im Probestromkanal kurz vor der Düse. Durch die hydrodynamische Fokussierung und der damit verbundenen Verdünnung erhöht sich der mittlere Partikelabstand auf ca. 11 mm bis 44 mm am Schaltort hinter der Düse.

# 7 Experimentelle Untersuchung und Auswertung

Die experimentelle Untersuchung des opto-kalorischen Schaltens und Sortierens gliedert sich wie folgt: Zuerst wird der Schaltvorgang an sich untersucht und den Verlauftypen „laminar“ und „turbulent“ zugeordnet, wodurch sich eine Prozessparameterlandkarte mit mehreren Bereichen ergibt. Die Einflüsse von thermischer Expansion und gesteuerter Viskosität werden anhand des Schaltverlaufs und des Heizortes analysiert und deren Wirkung verglichen. Anschließend wird die Schaltamplitude und die abgeleitete Größe des maximalen Analytvolumenstroms auf die Einflussgrößen Heizleistung und eingetragene Energie pro Fluidvolumen hin untersucht.

Die für die maximale Schaltfrequenz wichtige Größe der Schaltzeit wird in Abhängigkeit von dem Hüllvolumenstrom und der Heizleistung ermittelt.

Als Zweites wird der Sortierprozess von fluoreszenz-markierten Partikeln untersucht. Für verschiedene Hüllvolumenströme und Heizleistungen werden die Partikelauslenkung in Abhängigkeit der Pulsdauer der eingestrahlten Laserleistung bestimmt und es wird mithilfe statistischer Methoden die jeweilige Sortiersicherheit abgeleitet. Es werden so Parameterräume aufgespannt mit Bereichen hoher Sortiersicherheit. Mathematisch wird eine optimale Geometrie der Schaltortverzweigung ermittelt und mit dieser eine theoretisch erreichbare ideale Sortiersicherheit bestimmt.

Als Letztes werden experimentell die bestimmten Werte mit den theoretisch Erwarteten verglichen.

## 7.1 Einflüsse auf das Schaltverhalten

Zahlreiche Parameter haben einen Einfluss auf das Schaltverhalten. Anhand ihrer Wirkungskette können diese Parameter in vier Kategorien eingeordnet werden. Den Parametern, welche

- die zu sortierenden Partikel,
- die Schaltzeit,
- die Streuung der Ereigniseigenschaften oder
- die Schaltamplitude

beeinflussen. In Abbilung 7.1 ist ein Ishikawa-Diagramm (Ursache-Wirkungs-Diagramm) mit den wichtigsten Parametern dargestellt.

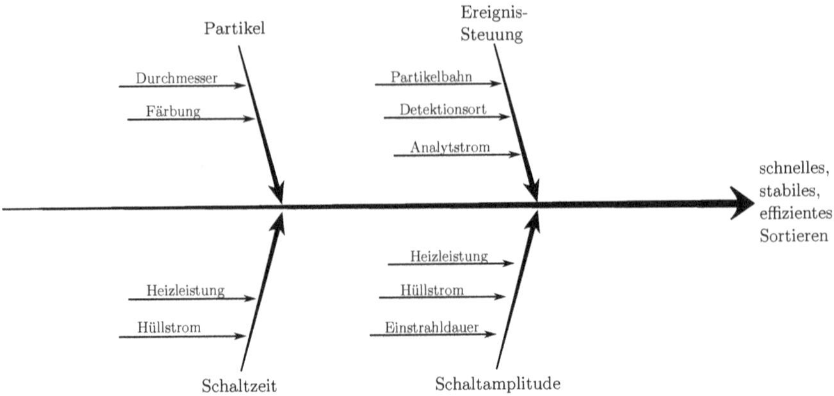


**Abb. 7.1:** Ursache-Wirkungs-Diagramm des opto-kalorischen Sortierens mit den wichtigsten Einflussgrößen

## 7.2 Ablauf des Schaltvorgangs

Durch die in Abschnitt 5.1.1 beschriebene Methode wird mit einer hohen zeitlichen Auflösung innerhalb einer Schaltperiode die Position des Analytstroms aufgenommen. Für eine moderate Heizleistung von $P_{\text{heiz}} = 411\,\text{mW}$ und einen Hüllvolumenstrom von $Q_{\text{H}} = 200\,\mu\text{l/min}$ ist in Abb. 7.2(a) der zeitliche Verlauf des Schaltens dargestellt. Diese Parameter werden später dem laminaren Schaltbereich zugeordnet. Die drei Zeitpunkte I, II und III markieren den Ausgangszustand vor dem Einschalten des Lasers zum Heizen, einen Zeitpunkt während der Auslenkungsänderung und einen Zeitpunkt kurz vor dem Ausschalten des Lasers, bei welchem die maximale Auslenkung und somit die Schaltamplitude $A_{\text{S}}$ erreicht ist. Im Teilbild 7.2(b) sind die zu den Zeitpunkten zugehörigen Aufnahmen abgebildet. In Ia ist die unbearbeitete Aufnahme zum Zeitpunkt I dargestellt, in den Teil-Bildern Ib bis III wurden zum Hervorheben des Analytstroms die Helligkeitswerte eines Bildes ohne Analyt abgezogen und der Kontrast angepasst. In diesen Bildern ist jeweils der durch einen weißen Rahmen in Bild Ia markierte Ausschnitt dargestellt.

Zu sehen ist, wie der Analytstrom zuerst schnell auslenkt und dann kontinuierlich langsamer werdend sich einem maximalen Ausschlag annähert. Nach Abschalten der Laserstrahlung fällt die Auslenkung zuerst schnell und dann immer langsamer werdend auf den Ursprungswert zurück.

Bei erhöhten Heizleistungen weicht die Auslenkung von diesem Verlauf stark ab. Für einen Hüllvolumenstrom von $Q_{\text{H}} = 400\,\mu\text{l/min}$ und eine Heizleistung von $P_{\text{heiz}} = 1{,}11\,\text{W}$ ist der Verlauf in Abb. 7.3 dargestellt. Diese Werte werden später dem turbulenten Schaltbereich zugeordnet. Zunächst ist zwischen Zeitpunkt I und II eine schnelle Zunahme zu beobachten, danach allerdings ein Zurückfallen auf eine Position, die sich auch unterhalb der Ausgangslage befinden kann, wie hier zum Zeitpunkt III. Nach Ausschalten des NIR-Laserstrahls zum Heizen stellt sich zuerst eine Position oberhalb der Ausgangslage ein, von wo sich die Auslenkung wie im Falle geringerer Heizleistung zuerst schnell und dann langsamer werdend dem Wert der Ausgangslage annähert.

Während in der ersten Phase bis zum Zeitpunkt II der Analytstrom seine Form annä-

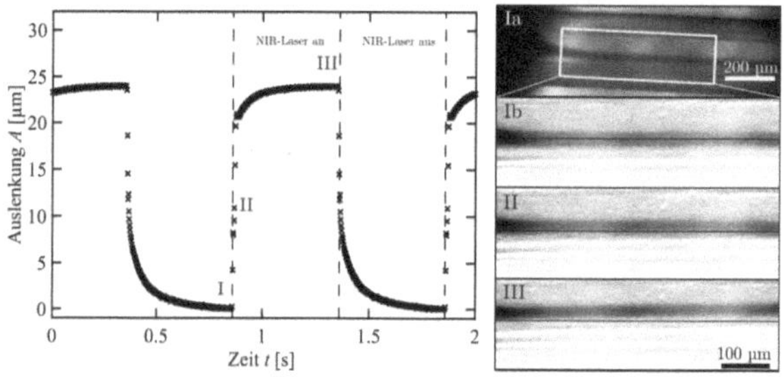


(a) (b)

**Abb. 7.2:** Zeitlicher Ablauf des Schaltvorgangs bei einer Heizleistung von $P_{\text{heiz}} = 411\,\text{mW}$. Im linken Teil ist die Auslenkung der Analytlösung im zeitlichen Verlauf dargestellt. Es sind die Zeitpunkte I, II und III markiert. In (b) Ia ist das Bild zum Zeitpunkt I dargestellt. In Ib (Detail von Ia) und den mit II und III gekennzeichneten Bildern wurde ein Bild ohne Analytlösung abgezogen, der Kontrast verstärkt, eine Drehung der Aufnahme korrigiert und auf den Ausschnitt vergrößert, welcher in Ia als weißer Rahmen eingezeichnet ist.

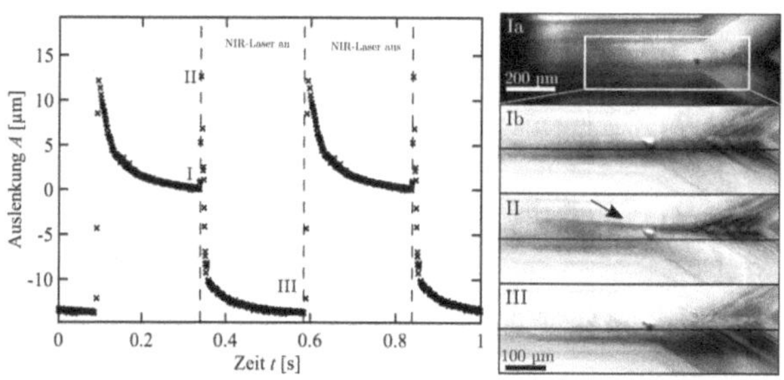


(a) (b)

**Abb. 7.3:** Zeitlicher Ablauf des Schaltvorgangs bei einer Heizleistung von $P_{\text{heiz}} = 1100\,\text{mW}$ und einem Hüllvolumenstrom von $Q_{\text{H}} = 400\,\text{µl/min}$. In (a) ist die Auslenkung der Analytlösung im zeitlichen Verlauf dargestellt. Es sind die Zeitpunkte I, II und III markiert. In (b) Ia ist das Bild zum Zeitpunkt I dargestellt. In Ib (Detail von Ia) und den mit II und III gekennzeichneten Bildern wurde ein Bild ohne Analytlösung abgezogen, der Kontrast verstärkt, eine Drehung der Aufnahme korrigiert und auf den in Ia als weißer Rahmen eingezeichneten Ausschnitt vergrößert.

hernd behält, siehe Pfeil in Abb. 7.3 (b)II, nimmt der Analytstrom im zurückgefallenen Zustand an Breite zu, siehe Abb. 7.3 (b)III.

Der Übergang dieser beiden Strömungszustände ist kontinuierlich. In Abb. 7.4 ist für einen Hüllvolumenstrom von $Q_H = 400\,\mu l/min$ dargestellt, wie die Verläufe sich bei unterschiedlichen Heizleistungen verändern. Oberhalb einer Heizleistung von $P_{heiz} = 500\,mW$ verändert sich die Form. Nach einer schnellen Zunahme der Auslenkung ist die oben beschriebene Abnahme zu beobachten. Diese nimmt mit steigender Heizleistung zu.

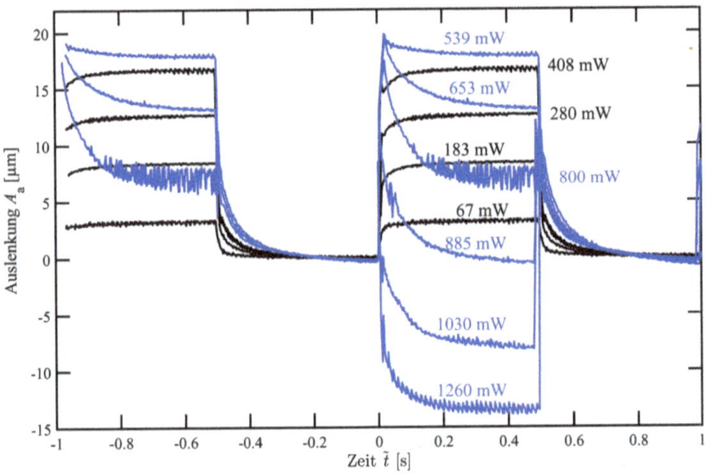


**Abb. 7.4:** Zeitlicher Schaltverlauf bei unterschiedlichen Heizleistungen und einem Hüllvolumenstrom von $Q_H = 400\,\mu l/min$. In schwarz sind die Verläufe bis zu einer Heizleistung von bis zu 450 mW eingezeichnet und in blau alle Verläufe bei höheren Heizleistungen. Die Auslenkung wurde am Ort $x_A = -375\,\mu m$ ermittelt.

Sobald das Einsetzen der Auslenkungsumkehr zu beobachten ist, wird der Zustand dem turbulenten Bereich zugeordnet. Die restlichen Zustände bei geringeren Heizleistungen werden dem laminaren Bereich zugeordnet. Kriterien zur Unterscheidung wurden im Abschnitt 5.1.4 erläutert.

### 7.2.1 Laminare und turbulente Schaltbereiche

Anhand der in Abschnitt 5.1.4 beschriebenen Kriterien können die Schaltverläufe automatisiert einem laminaren oder einem turbulenten Verlauf zugeordnet werden. Eine Parameter-Karte mit Schaltgebieten laminaren und turbulenten Verlaufs wird in Abb. 7.5 durch Auftragen der Zuordnung gegen den Hüllvolumenstrom und die Heizleistung gezeichnet.

Die untersuchten Parameter sind hierbei der Hüllvolumenstrom $Q_H$ in einem Bereich von $50\,\mu l/min$ bis $500\,\mu l/min$ und die Heizleistung in einem Bereich von ca. 50 mW bis knapp 1,2 W.

Drei Bereiche sind auszumachen, die beschriebenen laminaren und turbulenten Bereiche sowie ein dritter Bereich, in welchem am Heizort Siedebläschen entstehen. Bei Heizleistungen unterhalb von 400 mW sind die Schaltverläufe laminar und bei Heizleistungen oberhalb von 600 mW turbulent. Bei Hüllvolumenströmen von 50 µl/min und 100 µl/min tritt Blasenbildung durch Sieden auf, bevor ein turbulenter Schaltverlauf beobachtet werden kann.

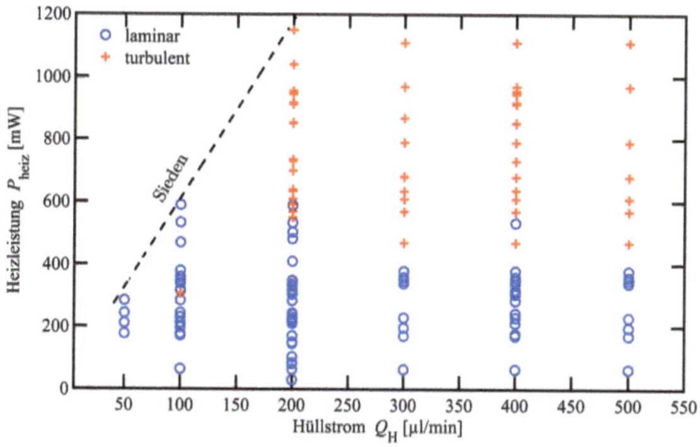


**Abb. 7.5:** Bereiche mit laminarem und turbulentem Schaltverlauf im Parameterraum des Hüllvolumenstroms und der eingebrachten Heizleistung

### 7.2.2 Überlagerung der thermischen Expansion und gesteuerten Viskosität im Schaltverlauf

Beim Auslenken der Analytlösung wird innerhalb der ersten 50 Millisekunden ein kurzzeitiges Stagnieren der Änderung beobachtet, welche im zeitlichen Verlauf die Form einer Stufe annimmt. Diese liegt bei ungefähr der Hälfte der Maximalauslenkung und ist in Abb. 7.6 für 100 µl/min und 300 µl/min bei unterschiedlichen Heizleistungen abgebildet. Ebenso ist beim Ausschalten eine Verformung, diesmal zur abnehmenden Auslenkung hin, zu erkennen.

Die Stufe tritt in der Regel bei einer Auslenkung von ca. 40 % - 50 % der Maximalauslenkung auf und hält für unterschiedliche Zeitdauern an. Diese Zeitdauer verkürzt sich bei höherer Heizleistung von ca. 25 ms bei 178 mW und zu ca. 13 ms bei 590 mW für einen Hüllvolumenstrom von 100 µl/min. Bei höheren Hüllvolumenströmen verkürzt sich diese Zeit weiter, für 300 µl/min Hüllvolumenstrom zum Beispiel zu 11 ms bei 65 mW zu 6 ms bei 470 mW Heizleistung. Aufgrund dieser Zeitskala von 6 ms bis 25 ms tritt dieses Phänomen erst in Erscheinung, wenn der Schaltverlauf mit hoher Zeitauflösung erfasst wird. Technisch ist die Zeitauflösung im vorliegenden Aufbau auf einzelne Millisekunden-Schritte begrenzt und wird bei einer Aufnahme von mehr als 6 Schaltwiederholungen erreicht (vergleiche Abschnitt 5.1.1). Die zu den Abb. 7.2 bis 7.4 zugehörigen Messungen haben nicht diese hohe zeitliche Auflösung, weshalb die Stufe dort nicht zu erkennen ist. Dafür zeigen diese einen längeren zeitlichen Verlauf des Schaltverhaltens, womit die maximalen Amplituden besser zu bestimmen sind.

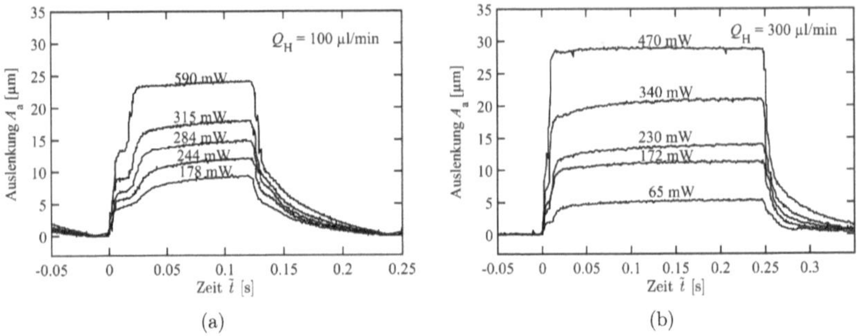


**Abb. 7.6:** Schaltverlauf mit Stufe bei unterschiedlichen Heizleistungen für einen Hüllvolumenstrom von (a) 100 µl/min und (b) 300 µl/min. Die Auslenkung wurde am Ort $x_A = -375\,\mu m$ ermittelt.

Die wahrscheinliche Ursache dieser Stufen ist in der Überlagerung der beiden Effekte der thermischen Expansion und der gesteuerten Viskosität zu finden. In Abb. 7.7 ist die qualitative Überlagerung der veränderten Volumenströme für $Q_{II,x2}$ abgebildet. Der Verlauf der thermischen Expansion entspricht hierbei dem Modell für starken Wärmeverlust an das Chipmaterial, vergleiche Kapitel 3.3.3 und insbesondere Abb. 3.16. Nach dem Zusammenhang (3.3.30) und wie in Abb. 3.8 zu erkennen ist, kann näherungsweise für einen weiten Bereich von bis zu einer Steigerung von $Q_{II,x2}$ auf 75 % des Gesamtvolumenstroms ein linearer Zusammenhang zwischen $Q_{II,x2}$ und der Auslenkung angenommen werden. Die so qualitativ erklärte Stufe beim Einschalten sowie beim Ausschalten bestätigt den deutlich geringeren Anteil der thermischen Expansion am Schaltverlauf im Vergleich zur gesteuerten Viskosität, ist jedoch durch das schnelle zeitliche Ansprechen bedeutend für das Erzielen von kleinen Schaltzeiten.

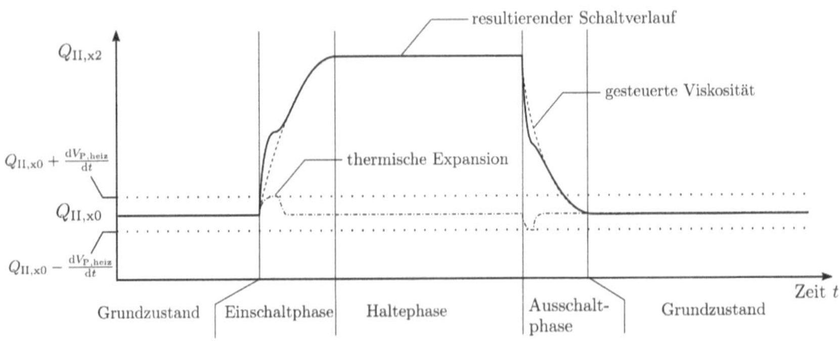


**Abb. 7.7:** Qualitativ zusammengesetzter Schaltverlauf aus durch thermische Expansion und gesteuerte Viskosität erzeugten, veränderten Volumenströmen

## 7.3 Schaltamplitude und maximaler Schaltvolumenstrom

Die Schaltamplitude $A_S$ zeigt eine direkte Abhängigkeit zur verwendeten Heizleistung $P_{heiz}$. In Abb. 7.8 (a) sind die Schaltamplituden für verschiedene Hüllvolumenströme gegen diese aufgetragen. Zu erkennen ist, dass mit steigender Heizleistung die Amplitude zunächst steigt und ab ca. 500 mW bis 600 mW beginnt abzuflachen. Außerdem zeichnet sich die grundsätzliche Tendenz ab, dass kleinere Hüllvolumenströme eine stärkere Steigung und insgesamt eine größere Schaltamplitude aufweisen. Die Messwerte für 50 µl/min und 100 µl/min liegen hierbei nur für Heizleistungen bis 300 mW bzw. 600 mW vor, da bei höheren Leistungen Blasenbildung durch Sieden mit chaotischen Störungen des Stroms auftreten.

Bei Heizleistungen größer 500 mW ist eine zunehmende Streuung der Messwerte zu verzeichnen. Dies fällt ungefähr zusammen mit dem Einsetzen des turbulenten Schaltverlaufs ab $P_{heiz} > 400$ mW. Die Messwerte für einen Hüllvolumenstrom von 500 µl/min zeigen durchweg eine größere Streuung. Dies ist mit hoher Wahrscheinlichkeit auf durch kleine Störungen verursachtes Einsetzen von Turbulenz und durch eine größere Streuung der visuellen Auslenkungsbestimmung aufgrund verringerter Kontrastwerte bei hohen Volumenströmen zurückzuführen.

Die in Abb. 7.8(b) dargestellte spezifische Amplitude $a_S = A_S/P_{heiz}$ gibt mit der auf die Heizleistung ins Verhältnis gesetzte Amplitude ein Maß für die Effizienz des Schaltens. Bei kleineren Hüllvolumenströmen werden hierbei größere Auslenkungen pro eingebrachte Leistung erzielt. Dies ist auf eine größere Temperaturerhöhung zurückzuführen, da bei kleineren Volumenströmen die gleiche Energie in ein geringeres Fluidvolumen eingebracht wird. Die durch eine Ellipse markierten Werte bei 200 µl/min und 400 µl/min scheinen nach oben auszureißen. Es handelt sich hierbei durchweg um Messungen, bei denen die Heizleistung durch nur eine Faser appliziert wurde. Vermutet werden hier auftretende lokale Überhitzungen und eventuell nur für kurze Zeit stabile Blasen. Diese Vermutung wird dadurch unterstützt, dass bei Messungen mit noch höheren Leistungen und der Applikation durch nur eine Faser stets Blasenbildung auftrat. Um Blasenbildung zu vermeiden, werden bei der Einbringung höherer Heizleistungen mehrere Fasern gleichzeitig verwendet. Die eingetragene Leistung wird somit flächig auf einen größeren Bereich verteilt und es kann mehr Leistung appliziert werden, bevor Blasenbildung auftritt.

Wird aus der Schaltamplitude die maximale Rate des noch schaltbaren Analytstroms $Q_{A,max}$ berechnet, ergibt sich für die verschiedenen Hüllvolumenstromraten das in Abb. 7.9 (a) dargestellte Bild. Die einzelnen sehr hohen Amplitudenwerte bei Hüllvolumenströmen von 300 µl/min bis 500 µl/min ergeben maximale Analytraten von $Q_{A,max} > 10$ µl/min. Die Gesamtheit der Daten in (a) deuten darauf hin, dass mit steigenden Volumenströmen höhere Analytraten möglich sind. Aufgrund der Streuung der Werte sind quantitative Aussagen jedoch nicht aussagekräftig. Werden nur die Messwerte von einem Kalendertag betrachtet,vgl. Abb. 7.9(b), sind hingegen Zusammenhänge zu erkennen mit Maximalwerten für den noch schaltbaren Analytstrom

für $Q_H = 50$ µl/min von bis zu $Q_{A,max} = 0{,}3$ µl/min,
für $Q_H = 100$ µl/min von bis zu $Q_{A,max} = 1{,}3$ µl/min,
für $Q_H = 200$ µl/min von bis zu $Q_{A,max} = 4{,}7$ µl/min und
für $Q_H = 400$ µl/min von bis zu $Q_{A,max} = 7{,}1$ µl/min.

Um verschiedene Parametersätze miteinander zu vergleichen, kann die pro Volumen-

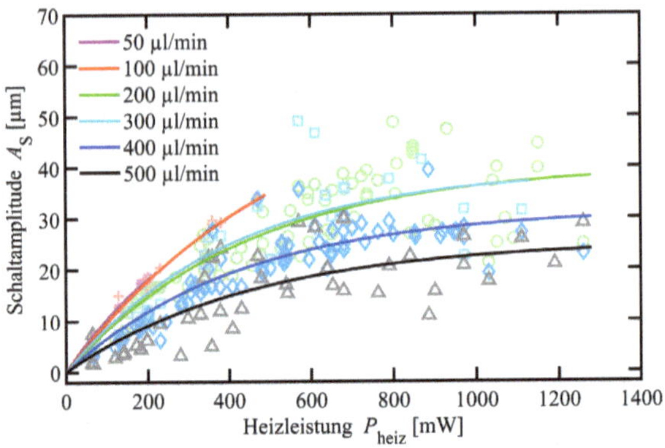


(a)

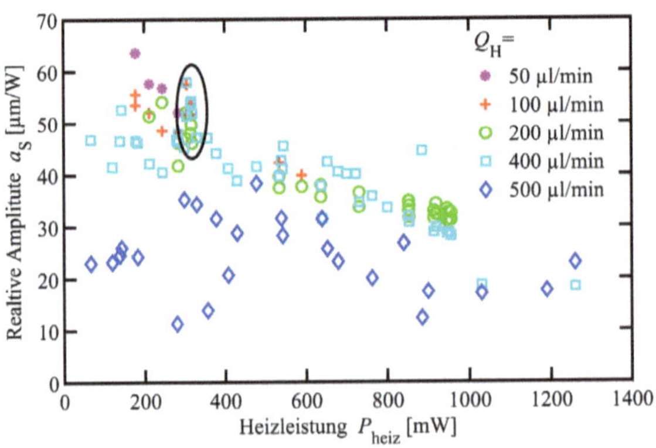


(b)

**Abb. 7.8:** Schaltamplitude des Analytstroms bei unterschiedlichen Heizleistungen. In (a) ist die Schaltamplitude abgebildet, die durchgezogenen Linien sind an die Messwerte angepasste Exponentialfunktionen der Form $A_S = A(1 - e^{-P_{heiz}/\lambda})$, $A$ und $\lambda$ variabel, in (b) ist die auf die Heizleistung bezogene spezifische Schaltamplitude aufgetragen. Die Amplitude wurde am Ort $x_A = -375\,\mu m$ ermittelt.

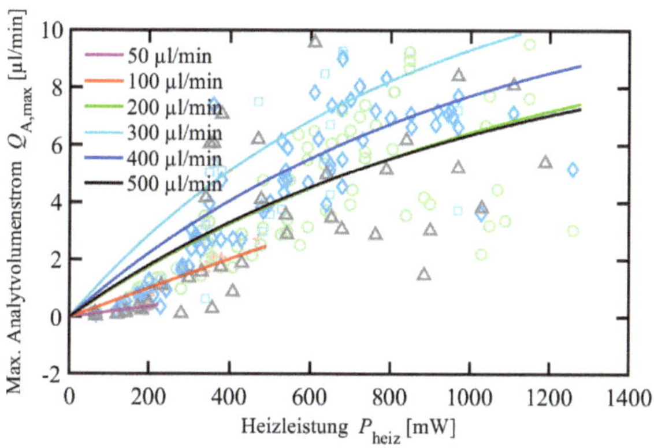


(a)

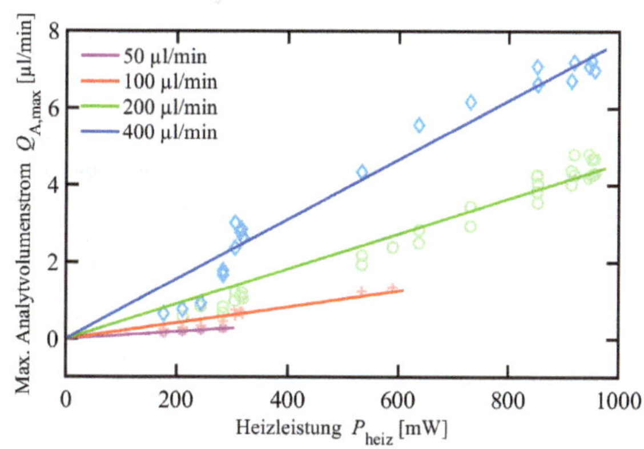


(b)

**Abb. 7.9:** Maximaler schaltbarer Analytstrom in Abhängigkeit von der eingebrachten Heizleistung bei verschiedenen Volumenströmen. In (a) sind alle Messreihen zusammen dargestellt, in (b) sind Messreihen abgebildet, welche am gleichen Kalendertag aufgenommen wurden (10. August 2015). Ergebnisse in diesen Abb. wurden teilweise auch veröffentlicht in [56].

element des Hüllvolumenstroms eingebrachte spezifische Heizenergie $e_V = P_{heiz}/Q_H$ verwendet werden. Wenn Wärmeleitung vernachlässigt wird, ist diese Größe proportional zu der Temperaturerhöhung in der Heizstelle. In Abb. 7.10 sind die spezifische Amplitude $a_Q$ und der maximal schaltbare Analytstrom gegen diese Größe aufgetragen. In beiden Abbildungen ist zu erkennen, dass diese sich näherungsweise linear verhalten.

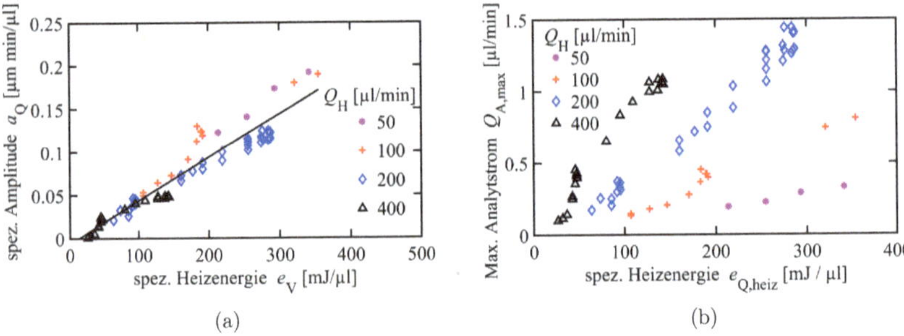


**Abb. 7.10:** In (a) ist die auf den Hüllvolumenstrom bezogene spezifische Amplitude $a_Q$ gegen die auf das Fluidvolumen bezogene spezifische Heizenergie $e_V$ aufgetragen. In (b) ist der maximal schaltbare Analytstrom ebenso gegen die auf das Fluidvolumen bezogene Heizenergie dargestellt.

Aus dem Verhalten von $a_Q$ lässt sich folgern, dass sich die Schaltamplitude $A_S$ proportional zum Volumenstrom $Q_H$ verhält, wenn die eingebrachte Energie pro Volumen an der Heizstelle konstant gehalten wird. In einem rein durch die Viskosität beeinflussten perfekten System ohne Wärmeleitung würde sowohl für die Annahme $\Delta p$ =const. als auch für $Q_H$=const. für gleiche Heiztemperaturen eine Unabhängigkeit der Amplitude vom Volumenstrom erwartet werden. Das Verhalten ist hier deutlich abweichend, wofür zwei Prozesse zur Erklärung herangezogen werden können. In der Engstelle tritt Wärmeleitung auf, sodass nach der Heizstelle, aber noch innerhalb der Engstelle die Temperatur des Fluids sich wieder der Umgebungstemperatur des Chipsubstrats annähert. Bei konstant gehaltener Heizenergie pro Volumen wird somit für höhere Volumenströme mehr Leistung bzw. ein größerer Wärmefluss appliziert, woraus ein flacherer Temperaturverlauf entlang des Kanals in Strömungsrichtung resultiert und was somit eine stärkere Reduktion des hydrodynamischen Widerstands bewirkt. Der zweite Prozess ist die thermische Ausdehnung, deren Wirkung für konstant gehaltene Heiztemperaturen nach Formel (3.3.45) direkt proportional zum Volumenstrom ist.

## 7.4 Schaltzeit

Um hohe Durchsätze beim Sortieren zu erreichen, ist die Schaltzeit entscheidend. Je kürzer die Schaltzeit, desto schneller aufeinander folgend dürfen auszusortierende Partikel in den Schalter eingebracht werden.

Als erster Parameter wird der Hüllvolumenstrom untersucht. Mit zunehmendem Hüllvolumenstrom wird beobachtet, dass die Schaltzeit abnimmt. In Abb. 7.11 (a) ist der Verlauf der Einschaltzeit $\tau_{ein}$ gegen den Hüllvolumenstrom $Q_H$ dargestellt. Die Heizleistungen betragen zwischen 30 mW und 1260 mW. Zu beobachten ist ein sich verlangsamender Abfall der Schaltzeit mit steigendem Volumenstrom, bis diese sich asymptotisch einem Wert von ca. 5 ms annähert. Zusätzlich sind die in Kapitel 3.3.7 beschriebenen theoretischen Zeitkonstanten eingezeichnet. Bei hohen Hüllvolumenströmen größer 200 µl/min kann eine Kombination der Zeitkonstanten $\tau_{ges} = \tau_{Vol} + \tau_{th} + \tau_{Vis}$ die Messwerte wiedergeben. Bei kleineren Hüllvolumenströmen weichen diese jedoch stark ab. Von den in der Theorie untersuchten Zeitkonstanten hängt nur $\tau_{Vol}$ vom Hüllvolumenstrom ab und leitet sich aus der mittleren Zeit ab, in welcher das Fluid eines Kanalabschnitts ausgetauscht wird. Die bei kleineren Hüllvolumenströmen größeren Zeitkonstanten deuten auf einen zunehmenden Einfluss eines größeren auszutauschenden Volumens hin. Das maximal wirksame auszutauschende Volumen kann mit dem Gesamtvolumen der Engstelle und dem Abschnitt zwischen der Engstelle und dem Schaltort abgeschätzt werden, welche in Abb. 7.11 als Zeitkonstante $\tau_{Vol.IIges}$ eingezeichnet ist und im gesamten untersuchten Volumenstrombereich deutlich größer als die gemessenen Werte ausfällt.

Eine weitere Möglichkeit, die größeren Werte der Einschaltzeit bei Volumenströmen kleiner als 200 µl/min zu erklären, berücksichtigt die lokale Abkühlung des Fluids noch in der Engstelle. Bei kleinen Volumenströmen erwärmt das Fluid zuerst den vorderen Bereich der Engstelle, da es durch die längere Verweildauer mehr Zeit hat, die thermische Energie an die Umgebung abzugeben. Die weiter flussabwärts liegenden Bereiche erwärmen sich erst, wenn die weiter vorn Liegenden bereits höhere Temperaturen angenommen haben, was somit die gesamte Erwärmung verlangsamt. Bei höheren Hüllvolumenströmen erwärmt sich durch die kürzere Verweildauer des erwärmten Fluids die Engstelle über die gesamte Länge gleichmäßiger, es wird schneller ein Gleichgewichtszustand der Temperaturverteilung erreicht.

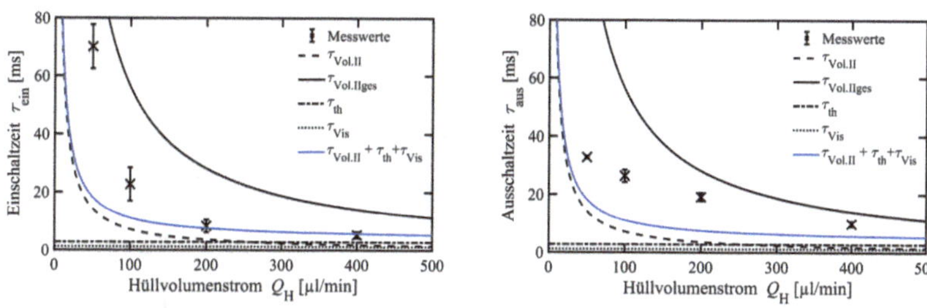


(a) (b)

**Abb. 7.11:** Schaltzeit beim (a) Einschaltvorgang und beim (b) Ausschaltvorgang gegen verschiedene Hüll-Volumenströme. Die Schaltzeiten wurden nach den in Tab. 5.1 gelisteten Kriterien und Anwendungsbereichen bestimmt. Für die Zeitkonstante des Ausschaltvorgangs $\tau_{aus}$ wurden nur Messungen bei Heizleistungen $P_{heiz} < 400$ mW berücksichtigt, um störende Einflüsse des turbulenten Strömungsverlaufs zu vermeiden. Zusätzlich sind die in Abschnitt 3.3.7 beschriebenen abgeschätzten Untergrenzen der Schaltzeiten für den Volumenaustausch in der Engstelle II $\tau_{Vol,II}$ und dem Kanalabschnitt II $\tau_{Vol,IIges}$, die Wärmeleitung $\tau_{th}$, die Massenträgheit und Reibung $\tau_{Vis}$ und die Summe dieser eingezeichnet.

Beim Ausschaltvorgang nimmt die Zeitkonstante $\tau_{aus}$ mit steigendem Hüllvolumenstrom ab und erreicht Werte von ca. $\tau_{aus} = 10$ ms, vgl. Abb. 7.11(b). Die geringere Abnahme der Zeitkonstante und die zu $\tau_{ein}$ vergleichsweise großen Werte können als Hinweis darauf gelesen werden, dass die Kühlung der Chipstruktur durch den Hüllvolumenstrom den hier dominierenden Einfluss hat. Für die konvektive Kühlung muss das Fluidvolumen in der erhitzten Engstelle mehrfach ausgetauscht werden, was mit dem Vielfachen von $\tau_{\mathrm{Vol}}$ geschieht und somit die größeren Werte für $\tau_{\mathrm{aus}}$ erklärt. Die durch diese Methode bestimmten Werte von $\tau_{\mathrm{aus}}$ unterliegen jedoch systematisch der Problematik, dass das zeitliche Heizschema vom später anvisierten Schema bei der Sortierung abweicht. In den Heizphasen zur Ermittlung der Zeitkonstanten wird über Zeiten von mehr als 100 ms geheizt, wodurch bis zu 20 mal mehr thermische Energie in das lokale Chipvolumen eingetragen wird als beim anvisierten Schalter und dieses sich stärker erwärmt. Durch einen längeren Kurvenverlauf beim Einschaltvorgang kann dieser besser durch Funktionen angenähert und analysiert werden. Beim Ausschalten hingegen wird das Fluid länger durch das erwärmte Chipmaterial auf einer höheren Temperatur gehalten. Beim Sortieren von Partikeln werden kürzere Heizdauern kleiner 10 ms angestrebt, welche den Einfluss der Erwärmung und die damit verbundene langsame Abklingkurve reduzieren. Im Sortierprozess werden daher kleinere Werte von $\tau_{\mathrm{aus}}$ erwartet. Von den theoretisch beschriebenen, die Schaltzeit limitierenden Zeitkonstanten ist nur $\tau_{\mathrm{heiz}}$ von der Heizwirkung der Laserstrahlung abhängig, welche beim Ausschalten wegfällt. Die anderen Zeitkonstanten $\tau_{\mathrm{Vol,ges}}$, $\tau_{\mathrm{Vol}}$, $\tau_{\mathrm{th}}$ und $\tau_{\mathrm{Vis}}$ sind für den Ein- und Ausschaltvorgang identisch. Daher wird für kurze Heizzeiten angenommen, das $\tau_{\mathrm{ein}}$ und $\tau_{\mathrm{aus}}$ gleiche Werte annehmen.

Für die Heizleistung wird ein ähnliches Verhalten beobachtet. Mit zunehmender Heizleistung $P_{\mathrm{heiz}}$ verringert sich die Einschaltzeit $\tau_{\mathrm{ein}}$, wie es in Abb. 7.12 für verschiedene Volumenströme dargestellt ist. Für steigende Volumenströme nimmt dieser Effekt ab, bis er für Volumenströme größer 400 µl/min keinen signifikanten Einfluss mehr hat.

Für die maximal mögliche Schaltfrequenz lässt sich somit ein Bereich zwischen $f = 1/(\tau_{\mathrm{ein}} + \tau_{\mathrm{aus}}) = 67\,\mathrm{Hz}$ und $f = 1/(2 \cdot \tau_{\mathrm{ein}}) = 100\,Hz$ abschätzen.

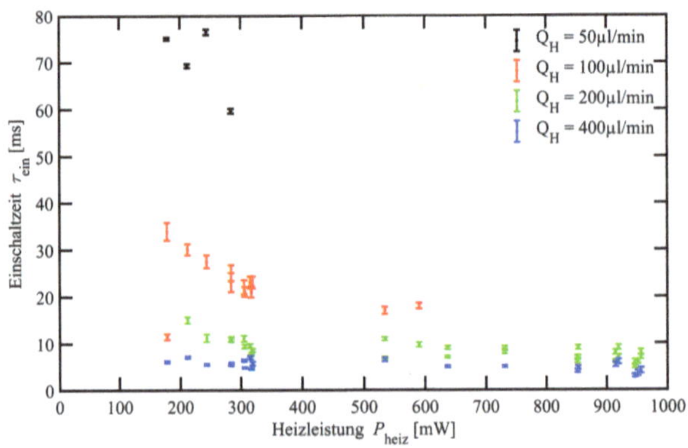


**Abb. 7.12:** Die Einschaltzeit bei verschiedenen Volumenströmen, aufgetragen gegen die Heizleistung.

## 7.5 Einfluss des Heizorts

Die in Abschnitt 4.3 beschriebene Form der Engstelle ermöglicht es, einen Großteil der optischen Leistung in das Fluid einzubringen. Die Energie wird in drei Lagen deponiert, weshalb das Fluid seine Maximaltemperatur erst nach dem dritten und letzten Durchgang durch den Laserstrahl erreicht. Zu erwarten ist, dass der Schaltvorgang effizienter ist, wenn das Fluid vor Beginn der Engstelle (bzw. des verengten Kanalabschnitts) bereits die maximale Endtemperatur hat. Durch Verlagerung des NIR-Laserstrahlfokus und somit der Position des Heizortes vor den Mäander wurde dies für geringe Heizleistungen untersucht. In Abb. 7.13 sind der (a) typische und der (b) nach vorn verlegte Heizort skizziert.

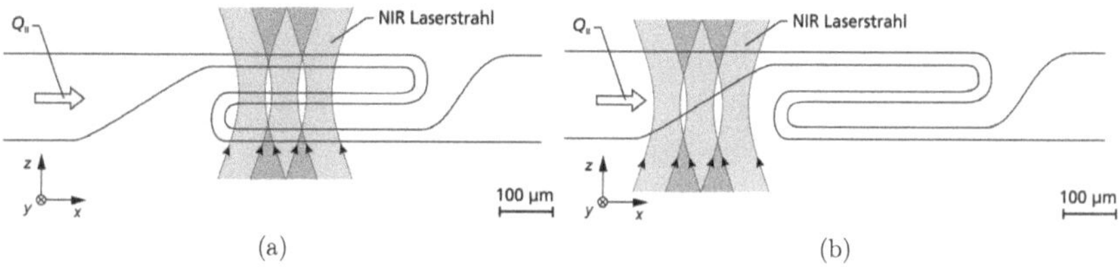


**Abb. 7.13:** In (a) ist der typische Ort des opto-kalorischen Energieeintrags im vorderen Bereich des Mäanders dargestellt. In (b) ist der vor den Mäander verlagerte Heizort dargestellt.

In Abb. 7.14 (a) ist die spezifische Amplitude bei Energieeintrag im Mäander als schwarze Datenpunkte und vor dem Mäander als rote Datenpunkte bei verschiedenen Hüllvolumenströmen dargestellt. Durch die geringere Strömungsgeschwindigkeit vor dem Heizort und die geringe Absorptionslänge kann dort nur eine geringere Energie eingebracht werden, bevor Blasenbildung durch Sieden die Strömungen stört. Die spezifische Schaltamplitude $a_S$ folgt dem Trend, bei steigenden eingetragenen Leistungen abzunehmen.

Einen systematischen Unterschied zwischen der Erwärmung vor der Engstelle im Vergleich zu der Erwärmung in der Engstelle wird ersichtlich, wenn die Amplitude auf den Hüllvolumenstrom $Q_H$ bezogen wird. In Abb. 7.14 (b) ist diese Amplitude $a_Q$ gegen die spezifische Heizenergie aufgetragen. Die spezifische Heizenergie $e_V$ ist hierbei die Energie, welche pro Volumenelement Hüllstrom eingetragen wird, und kann als ein Maß für die erzielte Endtemperatur in der Heizstelle verstanden werden. Für die Erwärmung vor der Engstelle wird hierbei eine Steigung der spezifischen Amplitude von 66 µm/W und für die Erwärmung in der Engstelle von 32 µm/W erreicht.

Hier ist deutlich ersichtlich, dass die spezifische Amplitude mit zunehmender spezifischer Heizenergie stärker zunimmt als beim Energieeintrag in der Engstelle. Die Folgerung ist, dass bei der gleichen erreichten Endtemperatur des Hüllstroms eine größere Schaltwirkung erzielt wird, wenn das Fluid früher diese Temperatur erzielt, hier schon vor der Engstelle. Dies ist an sich kein überraschendes Ergebnis, da die Reduktion des hydrodynamischen Widerstands aufgrund der Viskositätserniedrigung die größte Wirkung erzielt, wenn die Viskosität schon bei Beginn der Engstelle verringert ist. Dies ist der Fall, wenn die Energie vor der Engstelle eingebracht wird und so das Fluid schon erwärmt in die Engstelle eintritt und die Schaltamplituden bei diesen Heizleistungen nicht maßgeblich über den Amplituden bei der Heizung in der Engstelle liegen.

Für den opto-kalorischen Schalter ist die Verlagerung des Heizorts vor den Mäander trotz größerer spezifischer Amplitude nicht praktikabel, da schon bei geringen Heizleistungen unter 400 mW Sieden auftritt.

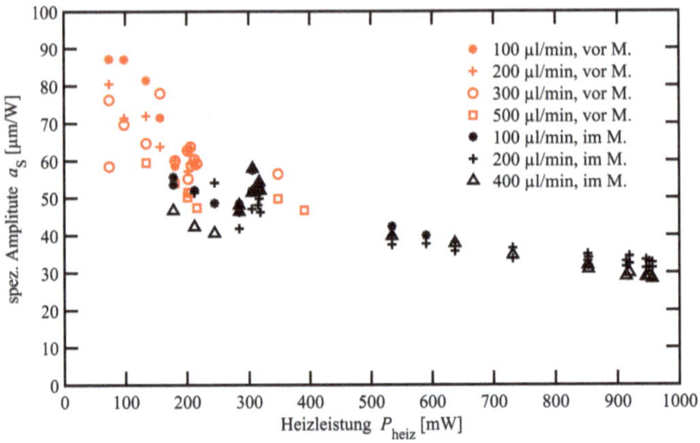


(a)

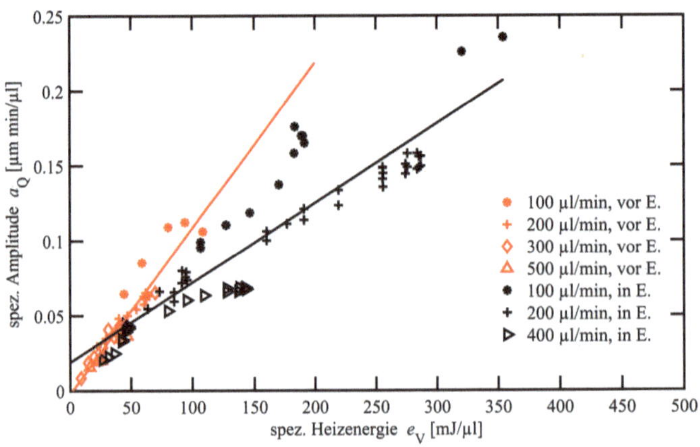


(b)

**Abb. 7.14:** In (a) ist die spezifische auf die Heizleistung bezogene Amplitude $a_S$ gegen die eingebrachte Heizleistung $P_{heiz}$ aufgetragen. In (b) ist die auf den Hüllvolumenstrom bezogene Amplitude $a_Q$ gegen die spezifische eingebrachte Heizenergie $e_V$ aufgetragen. Die roten Datenpunkte wurden aufgenommen bei einem Heizort vor dem Mäander und die schwarzen Datenpunkte bei einem Heizort im Mäander.

## 7.6 Schalten von Partikeln

Im Folgenden wird anhand von Suspensionen gefärbter Polysteren-Partikel (Ultra Rainbow Partikel, Kisker) mit Durchmessern zwischen 5 µm und 10 µm in Wasser das Schaltverhalten des opto-kalorischen Schalters untersucht. Werden Partikel detektiert und geschaltet, so variieren die Partikelbahnen, wie in Abschnitt 5.2.3 beschrieben. Dies hat zur Folge, dass die Partikelposition an der Schaltstelle einer Streuung unterliegt.

Diese Streuung folgt für geschaltete und nicht-geschaltete Zustände einer Normalverteilung, vgl. Abb. 7.15. Dies wird im Folgenden für die Bestimmung der Sortiersicherheit genutzt.

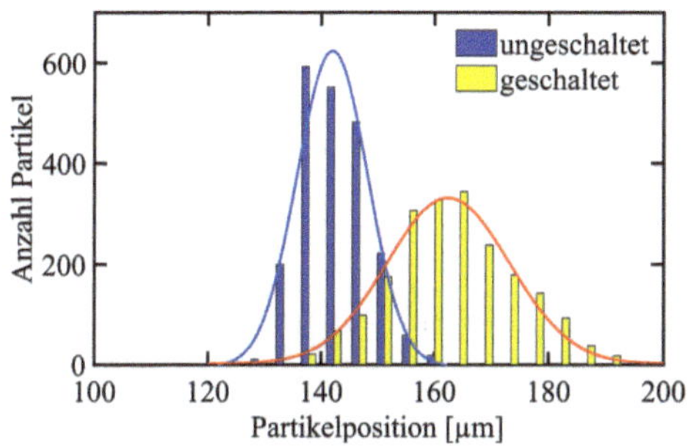


**Abb. 7.15:** Häufigkeitsverteilung der Partikelposition für aktivierten und nicht-aktivierten Schalter. Zwei an die Verteilungen angepasste Gaußkurven sind als durchgezogene Linien eingezeichnet. Die Partikelposition wird hierbei in dem durch ein weißes Rechteck gekennzeichneten Bereich in Abb. 5.5 (c) bestimmt.

In Abb. 7.16 (a)-(h) sind die mittleren Partikelpositionen gegen die Pulslänge des eingestrahlten NIR-Lasers $\Delta t_L$ zum Schalten für jeweils unterschiedliche Hüllvolumenströme aufgetragen. Zunächst nimmt die Amplitude mit zunehmender Einstrahldauer zu. Ab einer Einstrahldauer von ca. 10 – 15 ms erreichen die Werte der Amplitude eine Sättigung. Für Hüllvolumenströme größer 200 µl/min, insbesondere bei 350 µl/min, ist bei größeren Einstrahldauern über 10 – 15 ms wieder ein abruptes Abnehmen der Partikelamplitude zu beobachten.

Der Schaltlaserstrahl wird ohne Verzögerung nach der Detektion für die Pulslänge $\Delta t_L$ bei konstanter optischer Leistung eingeschaltet. Da der Detektionsort selbst relativ frei gewählt werden kann, hiervon jedoch die Wegstrecke des Partikels hin zum Schaltort abhängt, wird zuerst experimentell ein Detektionsort bestimmt, bei welchem die Schaltwirkung augenscheinlich stabil ist. Dies ist für ca. 40 µm vor der Düsenöffnung der Fall.

Wird weiter stromaufwärts detektiert, vergeht mehr Zeit zwischen der Aktivierung des Laserstrahls und dem Erreichen des Partikels am Schaltort. So steht dem Schaltprozess eine längere Zeitdauer zur Verfügung, um den geschalteten Strömungsverlauf aufzubauen. Die längere Strecke zwischen der Detektion und dem Schaltort wirkt sich jedoch aufgrund von unterschiedlichen Partikelgeschwindigkeiten in einer stärkeren Variation des Zeitpunkts der Partikelpassage am Schaltort aus. Der geschaltete Strömungszustand muss daher für längere Zeit aufrecht erhalten werden, was insbesondere bei hohen optischen Leistungen und hohen Hüllvolumenströmen kritisch ist. Bei diesen findet nur in

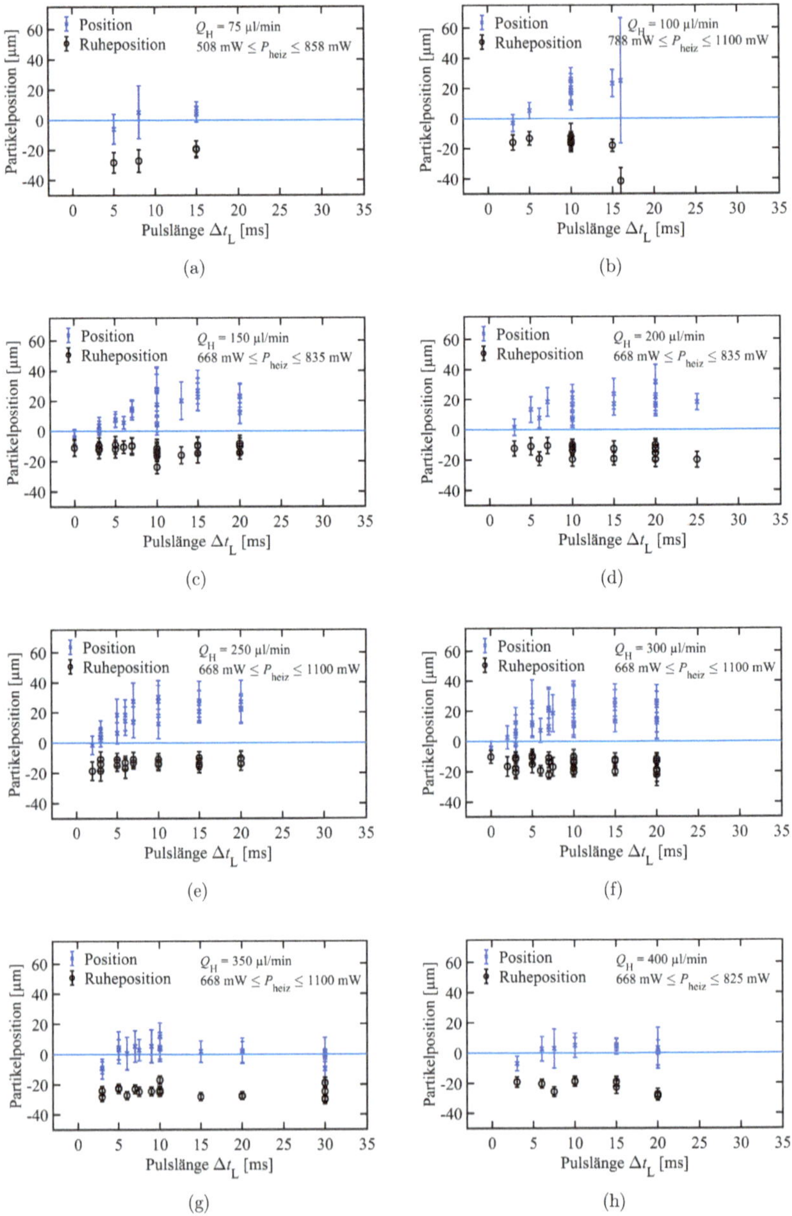


**Abb. 7.16:** Die Partikelposition in Abhängigkeit der Pulsdauer der eingestrahlten Heizleistung $\Delta t_L$ bei Hüllvolumenströmen von 75 µl/min bis 400 µl/min. Die jeweils verwendeten Heizleistungen $P_{heiz}$ betragen zwischen 200 mW und 1100 mW. Jeder Datenpunkt wurde aus 100 Einzelaufnahmen errechnet.

den ersten Millisekunden eine starke Auslenkung statt, wonach sie abrupt durch vermutlich entstehende Turbulenzen abnimmt. Wird zu weit stromabwärts detektiert, so hat das Partikel den Schaltort schon passiert, bevor sich die Wirkung der eingestrahlten optischen Leistung im Strömungsverhalten entfalten kann.

Technisch ließe sich die Streuung der Ereignisse reduzieren, indem die Partikel vor der Detektion auf eine mittige Bahn fokussiert werden.

## 7.7 Sortiersicherheit

Nach dem in Abschnitt 5.2.2 beschriebenen Verfahren kann aus den mittleren Partikelamplituden und der Streuung dieser die Sortiersicherheit $C_{\mathrm{AB}}$ berechnet werden. Sie ist ein Maß dafür, wie groß der Anteil der richtig sortierten Partikel an der Gesamtzahl der Partikel ist.

In Abb. 7.17 (a) ist die Sortiersicherheit $C_{\mathrm{AB}}$ für verschiedene Hüllvolumenströme und verschiedene Pulsdauern $\Delta t_{\mathrm{L}}$ des Schaltlaserstrahls dargestellt. Im Wesentlichen wird der Verlauf der Partikeldurchgangspositionen aus vorigem Kapitel nachgebildet. Die Sortiersicherheit steigt mit zunehmender Pulsdauer an, bis sie nach 7 ms – 15 ms einen Maximalwert erreicht hat. Bei Hüllvolumenströmen von 100 µl/min bis 300 µl/min werden Werte von größer $C_{\mathrm{AB}} > 0{,}9$ erreicht. Als Maß, ob ein Partikel sortiert wurde oder nicht, wird die Position der Verzweigung als kritischer Wert verwendet. Gut geeignet sind demnach Hüllvolumenströme zwischen 150 µl/min bis 300 µl/min bei Einstrahldauern von 10 ms bis 20 ms. Wird die doppelte Einstrahldauer als Zeit für einen vollständigen Sortiervorgang angesetzt, so sind demnach Sortierraten bis zu 50 Hz bei einer Sortiersicherheit von $C_{\mathrm{AB}} > 0{,}8$ möglich.

Die Verteilungen der Partikeldurchgangspositionen im geschalteten und nichtgeschalteten Zustand sind nicht ideal um die Verzweigungsposition verteilt und zeigen eine Abhängigkeit zu den eingestellten Flussparametern, vgl. Abb. 7.16. Wenn in einer späteren Anwendung ein Arbeitsbereich des Schalters festgelegt ist, können durch Anpassen der Teilwiderstände der Kanäle die Partikeldurchgangspositionen an die Verzweigung angepasst werden. Somit kann ein günstiger liegender kritischer Wert $y_{\mathrm{krit}}$ erzielt werden. Durch Annahme eines idealen kritischen Werts bzw. einer für die Verteilungen optimalen Position der Verzweigung wird der theoretische Wert einer idealen Sortiersicherheit $C_{\mathrm{ABid}}$ errechnet. Dies führt zu einem größeren Parameterbereich mit gleichbleibend hohen Werten, vgl. Abb. 7.17 (b). So wären Sortiersicherheiten größer $C_{\mathrm{ABid}} > 0{,}9$ bei Einstrahldauern von 5 ms – 20 ms realisierbar bei gleichzeitig auf bis zu 400 µl/min erhöhtem Hüllvolumenstrom. Mit so angepassten Mikrofluidiken wären somit Sortierraten von bis zu 100 Hz möglich.

In Abb. 7.18 sind im Parameterraum der eingestrahlten Pulsdauer und der verwendeten Heizleistung die Sortiersicherheit in (a) und die ideale Sortiersicherheit in (b) dargestellt. Für Heizleistungen zwischen 600 mW und 900 mW bei einer Pulsdauer zwischen 10 ms und 20 ms wurde eine stabile Sortierung mit Sicherheiten von $C_{\mathrm{AB}} > 0{,}8$ erreicht. Durch eine angepasste Positionierung der Verzweigungsgeometrie lässt sich mit Hilfe der Größe $C_{\mathrm{ABid}}$ ableiten, dass sich dieses Feld bis auf Heizleistungen von kleiner 500 mW und Pulsdauern von 5 ms ausweitet.

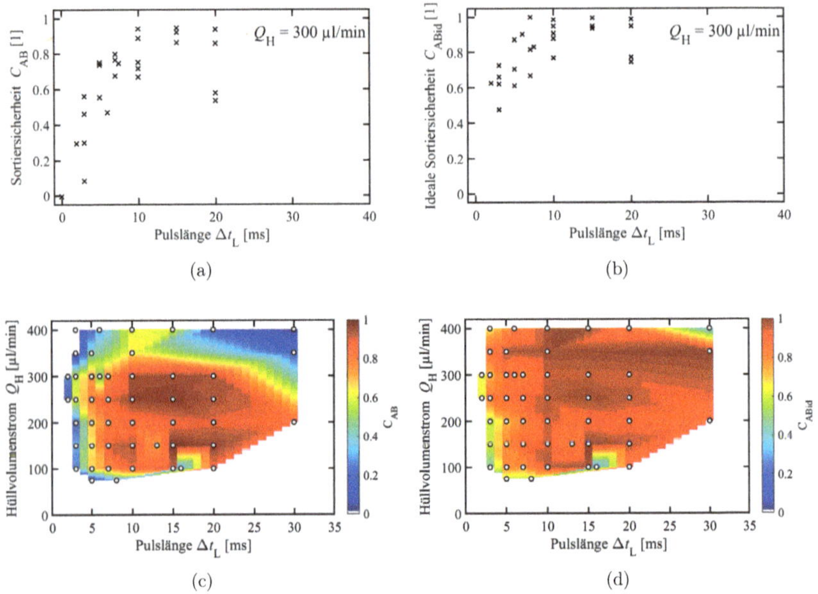


**Abb. 7.17:** Die Sortiersicherheit bei einem Hüllvolumenstrom von $Q_H = 300\,\mu l/min$ bei unterschiedlichen eingestrahlten Pulsdauern $\Delta t_L$ für a) die verwendete Mikrofluidik und b) die Voraussage für eine optimal an die Parameter angepasste Mikrofluidik. Die Sortiersicherheit im Parameterraum Hüllvolumenstrom und eingestrahlte Pulslänge ist in (c) für die verwendete Mikrofluidik und d) für die Voraussage für eine optimal an die Parameter angepasste Mikrofluidik aufgetragen. Die absorbierte Heizleistung betrug für jede Messung mehr als 500 mW und der Analytvolumenstrom $Q_A$ zwischen $5\,\mu l/min$ und $10\,\mu l/min$.

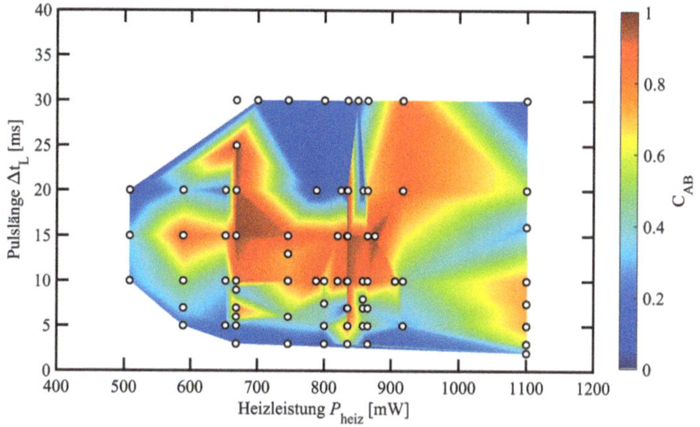


(a)

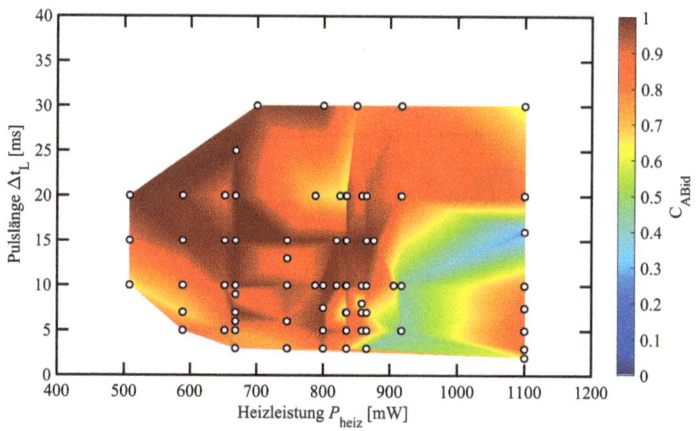


(b)

**Abb. 7.18:** Die Sortiersicherheit im Parameterraum der eingestrahlten Pulsdauer $\Delta t_L$ und der Heizleistung $P_{heiz}$ für a) die verwendete Mikrofluidik und b) die Voraussage für eine optimal an die Parameter angepasste Mikrofluidik. Der verwendete Analytvolumenstrom beträgt zwischen $5\,\mu l/min < Q_A < 10\,\mu l/min$.

## 7.8 Vergleich mit den Modellrechnungen

In Kapitel 4 werden verschiedene Überlegungen vorgenommen, um die Mechanismen hinter dem opto-kalorischen Schalten aus einer theoretischen Perspektive zu verstehen und deren Einflussgröße abzuschätzen. Diese werden im Folgenden mit den experimentell ermittelten Ergebnissen abgeglichen und bewertet.

Aus den in Kapitel 7.3 vorgestellten Ergebnissen der Schaltamplitude lässt sich über die Zusammenhänge (3.3.30) und 3.3.32 eine experimentell bestimmte erzeugbare Volumenstromdifferenz berechnen. Diese ist in Abb. 7.19 abgebildet und erreicht je nach Hüllvolumenstrom Werte von ca. $\Delta Q_S/Q_{II}^{t0} = 0{,}25$ für $Q_H = 500\,\mu l/min$ und bis zu ca. $\Delta Q_S/Q_{II}^{t0} = 0{,}7$ für $Q_H = 200\,\mu l/min$. Dies lässt sich wiederum mit den Zusammenhängen 3.3.13 und 3.3.24 für die Modelle des konstanten Druckabfalls bzw. des konstanten Volumenstroms auf eine Widerstandserniedrigung auf $R_{II}^{t1} = 0{,}8R_{II}^{t0}$ für einen Hüllvolumenstrom von $Q_H = 500\,\mu l/min$ bzw. $R_{II}^{t1} = 0{,}6R_{II}^{t0}$ bis $0{,}45R_{II}^{t0}$ für einen Hüllvolumenstrom von $Q_H = 200\,\mu l/min$ zurückführen. Eine Übersicht über den Verlauf der erzeugten Volumenstromdifferenz für verschiedene Annahmen gibt Abb. 3.7.

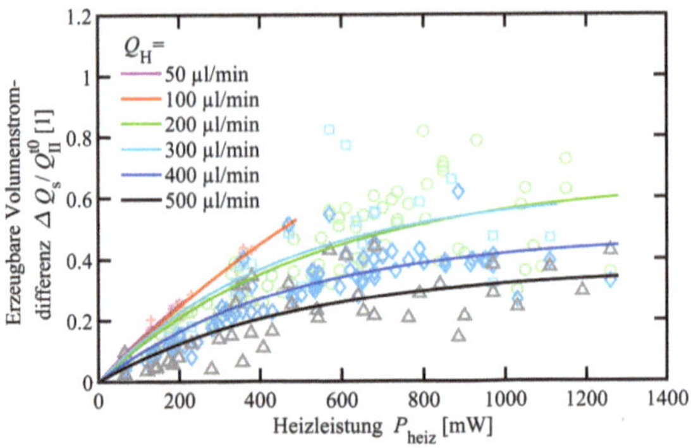


**Abb. 7.19:** Die erzeugbare Volumenstromdifferenz für verschiedene Hüllvolumenströme als Funktion der Heizleistung, bestimmt mit Hilfe der Schaltamplitude

Ausgehend von einer Raumtemperatur von 20 °C entspricht dies einer effektiven Erwärmung des Wassers am Ort der Engstelle II auf 30 °C ($R_{II}^{t1} = 0{,}8R_{II}^{t0}$), 45 °C ($R_{II}^{t1} = 0{,}6R_{II}^{t0}$) bzw. 60 °C ($R_{II}^{t1} = 0{,}45R_{II}^{t0}$).

Aus der Partikelamplitude kann nach gleicher Vorgehensweise die erzeugbare Volumenstromdifferenz bestimmt werden. Diese ist für verschiedene Volumenströme und Pulsdauern in Abb. 7.20 dargestellt. Es werden hierbei Werte von knapp $\Delta Q_S/Q_{II}^{t0} = 1{,}5$ für Hüllvolumenströme von kleiner $Q_H = 350\,\mu l/min$ gemessen. Für größere Hüllvolumenströme bleiben die Werte unter $\Delta Q_S/Q_{II}^{t0} = 1{,}0$. Ein Wert von $\Delta Q_S/Q_{II}^{t0} = 1{,}5$ entspricht hierbei einer Widerstandserniedrigung auf 20 % bis 40 % des ursprünglichen Werts für die Modelle des konstanten Volumenstroms bzw. des konstanten Druckabfalls. Um diese Werte durch eine Erhöhung der Temperatur zu erreichen, muss das Wasser von Raumtemperatur auf eine Temperatur von 65 °C bis hin zu größer 100 °C erwärmt werden. Für $\Delta Q_S/Q_{II}^{t0} = 1{,}0$ muss die Temperatur immerhin noch auf 55 °C bis 85 °C erhöht werden. In Tab. 7.1 sind die Werte für verschiedene experimentell bestimmte maximale Amplituden zusammengefasst. Der Unterschied in den bestimmten Werten der erzeugbaren Volumenstromdifferenz kann durch die prinzipiellen Unterschiede der zwei verwendeten Methoden erklärt werden.

Für die Auslenkung von Partikeln sind die wenigen Millisekunden entscheidend, in denen das Partikel aus der Düse in den Schaltort eintritt und der – in diesem Moment mehr oder weniger gekrümmten – Bahn des geschalteten Analytstroms folgt. Für hohe Leistungen werden in diesem Zeitabschnitt trotz des turbulenten Schaltverlaufs die größten Partikel-Amplituden beobachtet. Aufgrund der schnellen Dynamik dieses Zeitabschnittes ist der Schaltverlauf bei der Bestimmung durch einen gefärbten Analytstrom durch den Kontrast und die nur Millisekunden-genaue Zeitauflösung der Bilderfassung schwer zu erfassen, weshalb die Amplitude tendenziell kleiner bestimmt wird. Dies kann eine Ursache dafür sein, dass die durch die Partikel bestimmte erzeugbare Volumenstromdifferenz fast doppelt so groß ausfällt wie die durch den gefärbten Analytstrom bestimmte.

**Tab. 7.1:** Vergleich der gemessenen Amplituden mit der Vorhersage der benötigten Endtemperatur in der Engstelle, ausgehend von einer Temperatur von 20 °C

| Hüllvolumenstrom $Q_H$ | | veränderl. Volumenstrom $\frac{\Delta Q_S}{Q_H^{t0}}$ [1] | mittlere Temperatur $T$ für $Q_H$ =const. ($\Delta p$ =const.) | |
|---|---|---|---|---|
| bestimmt mit Hilfe der Schaltamplitude | | | | |
| 500 | µl/min | 0,25 | 30 | °C |
| 200 | µl/min | 0,7 | 45 (60) | °C |
| bestimmt mit Hilfe der Partikelamplitude | | | | |
| 75 | µl/min | 1,0 | 55 (85) | °C |
| 150 - 250 | µl/min | 1,5 | 65 (> 100) | °C |
| 300 | µl/min | 1,3 | 70 (> 100) | °C |
| 350 - 400 | µl/min | 1,0 | 55 (85) | °C |

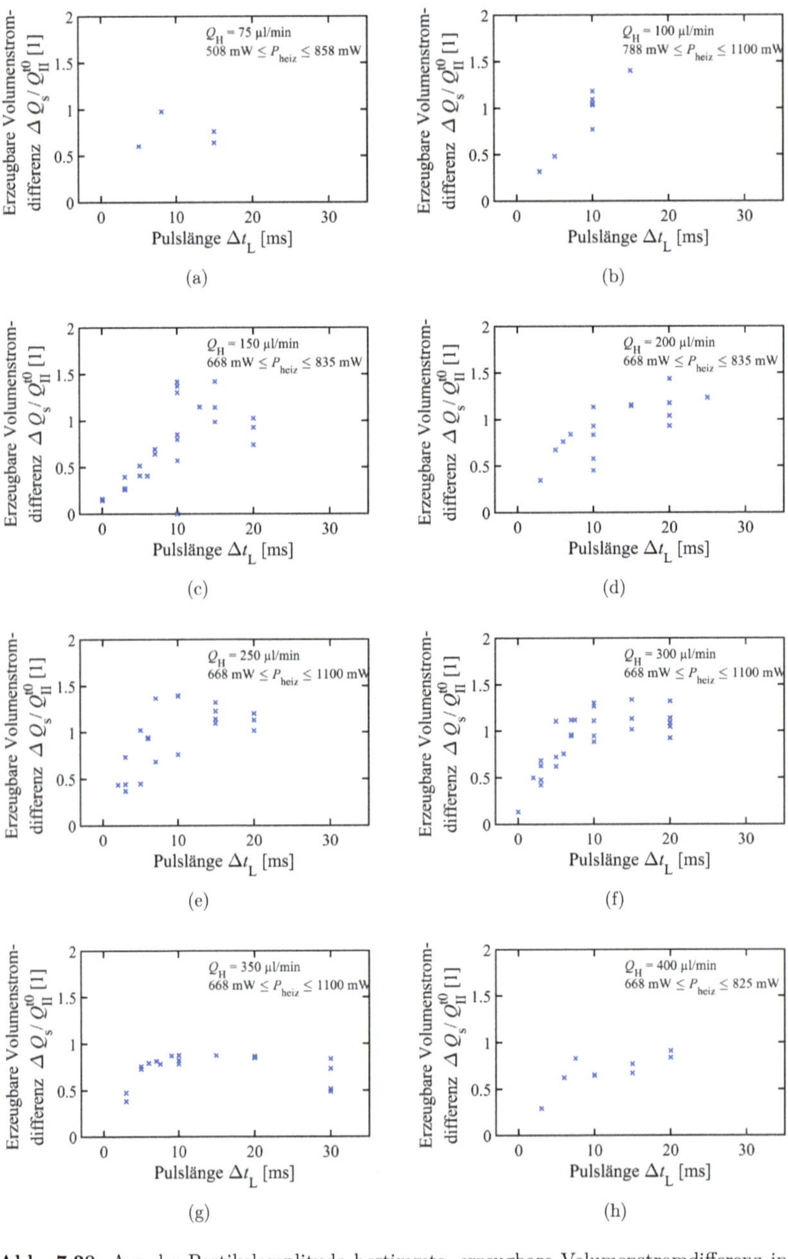


**Abb. 7.20:** Aus der Partikelamplitude bestimmte, erzeugbare Volumenstromdifferenz in Abhängigkeit von der Pulsdauer der eingestrahlten Heizleistung $\Delta t_L$ bei Hüllvolumenströmen von 75 µl/min bis 400 µl/min

# 8 Leistungsvergleich und Optimierungsansätze

## 8.1 Leistungsvergleich

In dieser Arbeit wurde gezeigt, dass mit 50 Hz bei Hüllvolumenströmen von 150 µl/min bis 300 µl/min stabil sortiert werden kann und dass mit einer optimierten Schaltstruktur Schaltraten von 100 Hz bei Hüllvolumenströmen von 100 µl/min bis 400 µl/min möglich sind.

In Abb. 8.1 sind die in der Literatur und bei kommerziellen µFACS angegebenen Analytstromraten und Sortierraten aufgetragen. Der von einer gestrichelten Linie eingegrenzte Bereich wird als der für kommerzielle Produkte relevante Bereich betrachtet. Die in der vorliegenden Arbeit erzielten Werte befinden sich noch außerhalb dieses Bereichs, vgl. den fett eingezeichneten roten Stern. Wird der Parameterbereich der idealen Sortiersicherheit zugrunde gelegt, also eine leicht veränderte Schaltstruktur angenommen, können Werte in dem gestrichelten Bereich erzielt werden, vgl. den dünn eingezeichneten roten Stern.

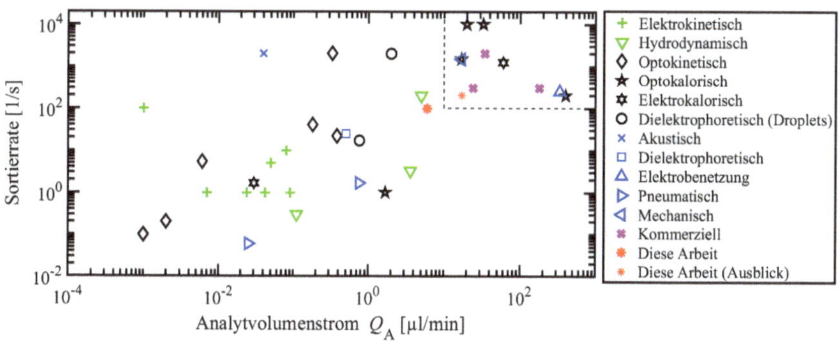


**Abb. 8.1:** Vergleich der µFACS-Realisierungen in der Literatur in Hinblick auf die Sortierrate und die prozessierte Analytstromrate sowie die kommerziell erhältlichen µFACS. Der durch einen gestrichelten Kasten markierte Bereich wird als der für kommerzielle Produkte relevante Bereich betrachtet. Die aufgetragenen Zahlenwerte und Literaturverweise befinden sich im Anhang in Tab. A.2.

## 8.2 Optimierungsansätze

Hauptaugenmerk bei einer Optimierung sollte auf der Fokussierung der Partikel vor der Detektionsstelle liegen. Durch Homogenisierung der Partikelbahnen und -geschwindigkeiten kann die in Kapitel 5.2.3 beobachtete Partikel-Streuung stark reduziert werden. Somit wird eine zeitlich bessere Abstimmung des Schaltvorgangs möglich. Mit einer besseren zeitlichen Abstimmung werden höhere Partikelamplituden und kürzere Schaltzeiten erreicht. Optionen zur Verbesserung der Fokussierung der Partikel werden im nächsten Abschnitt diskutiert.

Ein weiterer Ansatz zur Optimierung kann darin bestehen, die Kanalkonturen fluiddynamisch so anzupassen, dass auch bei höheren Heizleistungen der Schaltprozess im laminaren Zustand verbleibt, was wiederum durch die längere gleichmäßige Auslenkung des geschalteten Stroms die Partikelamplitudenstreuung reduziert.

### Optionen zur Reduzierung der Partikelbahn-Streuung

Die Variation der Partikelbahnen und -amplituden kann gezielt reduziert werden, wenn alle Partikel im Analyt-Kanal in den mittleren Strom gelenkt werden.

Eine Möglichkeit ist die 3-dimensionale hydrodynamische Fokussierung, wie sie auch hier schon nach der Düse am Schaltort zur Anwendung kommt. Nachteil dieser Methode ist die damit verbundene Verdünnung. Sollen die Partikel bzw. die Analytlösung im Mittelstrom z.B. auf einen Strom mit dem halben Durchmesser $D/2$ auf $1/5$ des Kanalradius $B$ fokussiert werden, so ergibt sich nach Formel (3.3.39) für $A = 0$ eine Verdünnung von

$$\mathrm{m} = Q_\mathrm{A}/(Q_\mathrm{ges} - Q_\mathrm{A}) = (Q_\mathrm{ges}/Q_\mathrm{A} - 1)^{-1} \tag{8.2.1}$$

$$= \left(\left(\frac{D^2}{2B^2} - \frac{D^4}{16B^4}\right)^{-1} - 1\right)^{-1} \tag{8.2.2}$$

$$= 1 : 11{,}76. \tag{8.2.3}$$

Andere Möglichkeiten, die Partikel in den Mittelstrom zu befördern, nutzen die endliche Größe der Partikel aus. Bei dem bestimmten lateralen Verschieben (engl. *deterministic lateral displacement*, DLD) sind Säulen in den Strom gesetzt, an denen die Partikel vorbei müssen und gegebenenfalls an der Säule entlang rollen. Durch den Durchmesser der Partikel befinden sich die Partikel nach Passieren der Säule auf einer Bahn einen halben Partikeldurchmesser oberhalb der Säule, bezogen auf den Säulenmantel. Ist eine zweite Reihe von Säulen so verschoben, dass die Partikel diese so treffen, dass sie alle in eine Richtung abgelenkt werden, so kann eine Fokussierung realisiert werden [78–80]. Dieses Verfahren wurde schon so verfeinert, dass diese Bedingung nur ab einer gewissen Partikelgröße erfüllt ist, wodurch die Trennung unterschiedlich großer Partikel möglich ist. Bisher wurde diese Methode jedoch nur in einer Dimension realisiert. Ein Nachteil dürfte sein, dass die Partikel direkten Kontakt zu den Säulen haben, wodurch ein Anhaften möglich ist.

Eine Variante ohne Kontakt zwischen Partikel und Kanalwand sieht mehrere Verengungen im Kanalverlauf vor. In diesen wird das Strömungsprofil soweit komprimiert, dass der Strömungsgradient so groß wird, dass die Partikeloberfläche stark unterschiedlichen Strömungsgeschwindigkeiten ausgesetzt ist. Aufgrund des durch schnellere Strömungen entstehenden Unterdrucks wirkt eine effektive Kraft in Richtung der Strommitte. Durch wiederholte Verengungen können die Partikel auf diese Art und Weise auf eine mittlere Bahn gelenkt werden. Auch wenn dieses Verfahren in Mikrofluidiken bisher nur in einer Ebene umgesetzt wurde, sollte es möglich sein, dies auch dreidimensional zu realisieren. Größter Nachteil ist bei dieser Methode die Schwierigkeit, die Anforderung an die Verengungen zu erfüllen. Diese dürfen nur wenige Vielfache des Partikeldurchmessers breit sein. Dies ist eine Herausforderung für die Fertigung, erhöht den hydrodynamischen Widerstand und fördert die Gefahr von Verstopfungen.

Andere Methoden nutzen aus, dass Partikel durch ihre Trägheit nicht vollständig den Strömungslinien des Fluids folgen. Durch wiederholte abrupte Richtungsänderungen des Kanals, üblicherweise 90° Kurven in einer oder zwei Ebenen, können Partikel im Mittelstrom konzentriert werden. Besteht die Möglichkeit, Kanäle in 3D zu fertigen, scheint dies die praktikabelste Lösung zu sein. Es kommt zu keinerlei Verdünnungseffekten und es gibt keine besonders engen Kanalabschnitte. Nachteilig ist, dass durch die abrupten Richtungsänderungen hinter den Kurven stehende Wirbel ohne Flüssigkeitsaustausch entstehen können, in denen sich gegebenenfalls Partikel und Verunreinigungen ablagern können.

# 9 Zusammenfassung

Mikrofluidiken begegnen uns oft unbemerkt z.B. in Blutzucker-Messgeräten und Schwangerschaftstests. Hier führen sie reproduzierbar unter sehr definierten Bedingungen das Analyt durch Kapillarkräfte zum Sensor bzw. den Reaktionsdetergenzien und ermöglichen sensitive und präzise Messungen an Proben mit geringem Bedarf an Analytvolumen. Wegen der kompakten und robusten Bauweise bei gleichzeitig geringem Analytvolumenbedarf ist die Anwendung von Mikrofluidiken auch in anderen Bereichen interessant.

Viele Forschungsaktivitäten konzentrieren sich auf die Themenfelder Einzelzelluntersuchung und -sortierung. Für die untersuchten Systeme haben sich die Begriffe mikrofluidisches umfängliches Analysesystem, engl. *microfluidic total analysis system* (µTAS), und mikrofluidischer Fluoreszenz-aktivierter Zellsortierer, engl. *microfluidic fluorescence activated cell sorter* (µFACS), etabliert. Diese Systeme durchmustern bzw. sortieren Zellen in Suspension auf Einzelzellbasis. Anwendungsfelder sind zum Beispiel die klinische Diagnostik, bei der Krankheitserreger in Patientenproben identifiziert werden, sowie die Diagnostik bei Tumorerkrankungen, bei der durch Identifizierung und Untersuchung zirkulierender Tumorzellen der Tumortyp und erfolgversprechende Behandlungsmethoden ermittelt werden können. Ein weiteres Anwendungsfeld ist die Lebensmittelüberwachung, um den Zustand von Lebensmitteln durch Keimbelastungen, z.B. des Fleischsaftes, zu bestimmen.

Für die breite Anwendung von µFACS fehlen jedoch bisher kompakte, robuste und kostengünstige Systeme. Es gibt verschiedene Methoden, solche zu realisieren. Besonders vielversprechend für einen kompakten und robusten Aufbau ist der Ansatz des opto-kalorischen Schalters. Dieser schaltet die Fluidströme durch optischen Energieeintrag in einem potentiell monolithisch aufgebauten Mikrofluidikchip. Durch einen monolithischen Aufbau des Chips und dadurch, dass nur fluidische und optische Schnittstellen benötigt werden, kann ein robustes System mit kostengünstigen Verbrauchsmitteln entwickelt werden. Eine Variante des opto-kalorischen Schalters nutzt die thermische Viskositätsabhängigkeit und thermische Expansion, ohne jedoch den Phasenübergang flüssig-gasförmig zu provozieren. Diese Variante ist bisher noch nicht untersucht worden. Um diesen opto-kalorischen Schalter zu realisieren, sind daher weitergehende Betrachtungen notwendig. Die hierfür genutzten physikalischen Phänomene, wie optische Absorption, thermische Abhängigkeit der Viskosität und der Dichte des Fluids, sind zwar bekannt, jedoch besitzt die Wechselwirkung dieser in einem mikrofluidischen Kanalsystem eine Komplexität, die einer genaueren Betrachtung bedarf. Es bedarf einer Analyse des prinzipiellen Aufbaus und einer Untersuchung der Einflussgrößen auf den Schaltprozess sowie Methoden, den Schaltprozess selber zu untersuchen und vergleichbare charakteristische Größen abzuleiten.

In der vorliegenden Arbeit wird zunächst ein Überblick der verschiedenen µFACS-Methoden gegeben. Hierbei werden Methoden zur hydrodynamischen Fokussierung und zum Schalten beschrieben. Dies umfasst die im akademischen Umfeld publizierten Methoden sowie die wenigen kommerziell erhältlichen µFACS-Systeme. Diese werden miteinander anhand der Kennzahlen des Analytvolumenstroms und der erreichten Sortierfrequenz verglichen.

Nach der Beschreibung wichtiger hydrodynamischer Grundlagen werden am Beispiel des Sortierens seltener Zellen in einer Probe menschlichen Bluts die zeitlichen Anforderungen an ein µFACS abgeleitet.

Durch nähere Betrachtung des kalorischen Schaltens wird eine Systematik erarbeitet, um den Schaltvorgang zu beschreiben. Zusammenhänge werden zwischen zeitlichen Widerstandsänderungen, den das System charakterisierenden Teilvolumenströmen und der Schaltamplitude hergestellt und die für die Bewertung wichtige Größe der maximalen schaltbaren Analytrate abgeleitet. Die Wirkung der opto-kalorischen Erwärmung des Fluids wird in die zwei Wirkmechanismen der thermischen Expansion und der gesteuerten Viskosität unterteilt und auf ihre zeitlichen Eigenschaften beim Schaltvorgang hin untersucht.

Eine Betrachtung der die Schaltzeit limitierenden Einflüsse ergibt die untere Grenzen für die minimal zu erreichende Schaltzeit. Diese Einflüsse sind die Wärmekapazität des Fluids, die Massenträgheit und die Reibung des Fluids im Kanal, der Volumenaustausch und die Wärmeleitung im Fluid und im Chipmaterial.

Unter Berücksichtigung dieser Zusammenhänge wird ein mikrofluidischer Chip zur Realisierung eines opto-kalorischen Schalters ausgelegt, der eine möglichst kurze Einschaltzeit bei gleichzeitig großer Schaltamplitude von mehr als 10 % der Kanalbreite (hier 20 µm) hat. Die besonderen gestalterischen Freiheiten des Fertigungsverfahrens Selektives Laser-induziertes Ätzen (SLE) werden genutzt und an den optischen Wärmeeintrag angepasste dreidimensionale Strukturen von Fluidkanälen entworfen und gefertigt.

Für die experimentelle Untersuchung dieses mikrofluidischen Chips werden Methoden entwickelt, um den opto-kalorischen Schalter zu charakterisieren und mit den theoretischen Überlegungen zu vergleichen. Der Schaltvorgang und der Sortierprozess werden dabei getrennt voneinander betrachtet. Für den Schaltvorgang wird die Bestimmung der charakteristischen Größen der maximalen Schaltamplitude und der Schaltzeiten beschrieben und die systematische Unterteilung der Schaltverläufe in einen laminaren und einen turbulenten Verlauf vorgenommen. Die Größen und die Verläufe der Schaltvorgänge werden anhand mathematischer Näherungsfunktionen bestimmt. Der Sortierprozess wird auf Einzelereignisbasis untersucht. Mittels statistischer Methoden werden Sortierrichtigkeit und Sortiersicherheit ermittelt. Mit diesen Methoden ist es möglich, verschiedene Systeme miteinander zu vergleichen und Vorteile und Fortschritte in der Entwicklung systematisch zu quantifizieren.

Der opto-kalorische Sorter wird mit diesen Methoden für verschiedene Volumenströme und Heizleistungen untersucht und charakterisiert. Hierbei werden die zwei charakteristischen Verläufe des Schaltvorgangs festgestellt, der laminare und der turbulente Schaltverlauf. Der turbulente Schaltverlauf tritt bei Heizleistungen von größer 400 mW bis 500 mW auf und lässt den zeitlichen Auslenkungsverlauf nach kurzer Heizdauer umkehren. Ebenso wie die maximal erreichte Amplitude $A_S$ nimmt der Effekt dieser Richtungsumkehr durch den turbulenten Schaltverlauf mit zunehmender Heizleistung zu.

Maximale schaltbare Analytraten von bis zu 17 µl/min werden gemessen und Einschaltzeiten von unter $\tau_{ein} < 5$ ms bestimmt. Diese Methode der Untersuchung des Auslenkungsverlaufs ist einigen Einschränkungen unterworfen. So ist die zeitliche Auflösung durch die verwendete Bilderfassung limitiert, welche hier eine Diskretisierung in Schritten von 1 ms besitzt. Bei hohen Leistungen wird jedoch schon nach wenigen Millisekunden eine Auslenkungsumkehr beobachtet, wodurch die Analyse des Auslenkungsverlaufs durch Anpassung von Kurven Ergebnisse liefert, welche größeren Schwankungen unterworfen sind. Dies limitiert die Bestimmung der Einschaltzeit und Schaltamplitude. Bei hohen Heizleistungen stößt die hier verwendete Methode daher an ihre untere Auflösungsgrenze. Für die Ausschaltzeit $\tau_{\mathrm{aus}}$ werden minimale Zeiten von ca. 10 ms ermittelt. Die hierfür verwendete Methodik besitzt allerdings die systematische Schwäche, dass vorher mehrere hundert Millisekunden Energie eingetragen wurde. Aufgrund dessen wird erwartet, dass das thermisch erwärmte umgebende Chipmaterial den Abkühlvorgang maßgeblich dominiert. Visuell kann dies für die beim Sortieren angestrebten Heizpulslängen von kleiner 10 ms bestätigt, jedoch mit dieser Methodik nicht erfasst werden.

Bei der Untersuchung des Schaltvorgangs anhand des Bahnverlaufs von Testpartikeln wird die Wirkung auch bei kleineren Laserpulszeiten erfasst. Für ein stabiles Schalten der Partikel ist hierbei die zeitliche Abstimmung und die Position des Detektionsorts von großer Bedeutung. Für Heizpulslängen von $7\,\mathrm{ms} < \Delta t_{\mathrm{L}} < 15\,\mathrm{ms}$ werden Sortiersicherheiten von $C_{\mathrm{AB}} \geq 0{,}9$ erreicht. Für einen auf diese Parameter optimierten Schaltort wird für die Sortiersicherheit von $C_{\mathrm{ABid}} \geq 0{,}9$ ein noch größerer Bereich von $5\,\mathrm{ms} < \Delta t_{\mathrm{L}} < 20\,\mathrm{ms}$ vorhergesagt.

Die untersuchte Streuung der Sortierereignisse zeigt eine starke Abhängigkeit der Partikelamplitude zur Partikelgeschwindigkeit. Eine technische Reduzierung der Partikelbahn- und -geschwindigkeitsstreuung, durch z.B. eine weitere hydrodynamische Fokussierung oder die Trägheit und Größe der Partikel ausnutzende fokussierende Kanalform, ermöglicht mit hoher Wahrscheinlichkeit eine genauere zeitliche Abstimmung und somit die Verringerung der Heizdauer bei gleichbleibend guter Sortiersicherheit.

Die Ergebnisse zeigen, dass mit einer optimierten Schaltstruktur des opto-kalorischen Schalters eine Sortierfrequenz von bis zu 100 Hz möglich ist. Ein Vergleich mit anderen µFACS zeigt, dass diese Werte in einem für ein µFACS sinnvollen, für kommerzielle Produkte relevanten Bereich liegen. Somit ist es möglich, mit den hier entwickelten Grundlagen und Zusammenhängen opto-kalorische Sorter für die angesprochenen Anwendungsfelder zu entwickeln.

# A Anhang

## A.1 Physikalische Konstanten und Materialeigenschaften

### Physikalische Konstanten

| Konstante | Formelzeichen | Wert | Einheit |
|---|---|---|---|
| Lichtgeschwindigkeit im Vakuum | $c$ | 299792458 | $\mathrm{m\,s^{-1}}$ |
| Gaskonstante | $R$ | 8,314472 | $\mathrm{J\,mol^{-1}K^{-1}}$ |

### Eigenschaften des Wassers

| Eigenschaft | Formelzeichen | Wert | Einheit |
|---|---|---|---|
| Wärmekapazität bei 20 °C | $C$ | 4,1818 | $\mathrm{J\,g^{-1}K^{-1}}$ |
| Dichte bei 20 °C | $\rho$ | 0,99821 | $\mathrm{g\,cm^{-3}}$ |
| dynamische Viskosität bei 20 °C | $\eta$ | 1002 | µPa s |
| Wärmeleitfähigkeit | $\lambda$ | 0,598 | $\mathrm{W\,K^{-1}\,m^{-1}}$ |

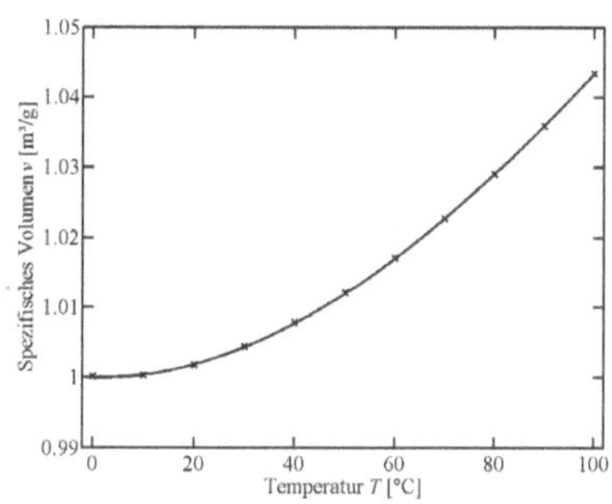


**Abb. A.1:** Das spezifische Volumen von Wasser bei einem Druck von 100 kPa über einen Temperaturbeeich von 0 bis 100 °C. Die Datenpunkte sind aus [70] entnommen und durch eine Funktion 3. Ordnung in $T$ angepasst (durchgezogene Linie).

Das spezifische Volumen $v_\mathrm{p}$ von Wasser wurde mit der Funktion 3. Grades

$$v_\mathrm{p}(T[\,^\circ\mathrm{C}]) = C_3 \cdot T^3 + C_2 \cdot T^2 + C_1 \cdot T + C_0$$

angenähert mit den Koeffizienten

$$
\begin{aligned}
C_0 &= 1\,\text{cm}^3/\text{g} \\
C_1 &= -1{,}841 \cdot 10^{-5}\,\text{cm}^3/\text{g}\,^\circ\text{C} \\
C_2 &= 5{,}799 \cdot 10^{-6}\,\text{cm}^3/\text{g}\,^\circ\text{C}^2 \\
C_3 &= -1{,}288 \cdot 10^{-8}\,\text{cm}^3/\text{g}\,^\circ\text{C}^3
\end{aligned}
$$

und einem Bestimmtheitsmaß von $\text{R}^2 = 0{,}9996$ ermittelt. In Abb. A.1 ist die angepasste Kurve zusammen mit den Werten aus [70] dargestellt.

### Eigenschaften typischer Materialien zur Mikrofluidikfertigung

Die Eigenschaften der Materialien, welche typischerweise zur Fertigung von Mikrofluidiken eingesetzt werden, sind in Tab. A.1 aufgeführt.

## A.2 Verwendete Geräte

- Digital Delay Generator, DG645, Stanford Research Systems
- CMOS-Kamera, SMX150, Sumix
- EMCCD-Kamera, Newton DU 970N-UVB, Andor
- Multi-Laserstrahlquelle, MCS 4 mit 638 nm und 514 nm Wellenlängen, Lasos
- Mehrkanal Stromtreiber für Laserdioden-Barrem, Sonderanfertigung, Amtron
- NIR Lasermodul mit Emitter Laserbarren, m2k, fasergebunden. In Abb. A.2 sind den Barren charakterisierende Messungen abgebildet.
- Fluoreszenz-Detektor, mit Multianoden PMT H7546B-20, Hamamatsu und Verstärkerelektronik, Spezialentwicklung Fraunhofer ILT
- Pulsdiskriminator zum Digitalisieren einzelner Photonen Strompulse, Spezialentwicklung Fraunhofer ILT
- Counter-Timer Karte, PCI-6602, National Instruments

## A.3 Übersicht µFACS - Stand der Forschung

In Tab. A.2 sind Veröffentlichungen zu µFACS und deren Kennzahlen aufgeführt.

**Tab. A.1:** Physikalische Eigenschaften verschiedener Materialien, welche für die Mikrofluidikfertigung verwendet werden. Die angegebenen Werte sind typisch für die von Mikrofluidikfertigern verwendeten Varianten und Reinheitsgrade der Materialien. Die Daten sind Tabellenwerken, Übersichtsartikeln oder Herstellerangaben entnommen. Fehlende Werte wurden in der Literatur und den Datenblättern der Hersteller nicht angegeben. [a][81], [b][82], [c][83], [d][84], [e][85], [f][86], [g][87], [h][88], [i][89], [j]nicht veröffentlichte eigene Untersuchungen. KW Kohlenwasserstoffe, hKW halogenierte Kohlenwasserstoffe

| Eigenschaft | PDMS | COC | PMMA | PC | PS | COP | Quarzglas | monokrist. Silizium |
|---|---|---|---|---|---|---|---|---|
| $T_g$ bzw. $T_t$ [°C] | formabh.[h] | 78 - 142[a] | 105 - 113[a,b,h] | 145[a,h] | 100[a,h] | 134 -136[a] | 1000[d] | 1414[b] |
| Eigenfluoreszenz | gering[j] | gering[a,j] | gering[a] | hoch[a] | – | gering[a] | gering[a,j] | gering[j] |
| VIS Transmission | hoch[j] | hoch[a,c] | hoch[a] | hoch[a] | hoch[a,c] | hoch[a,c] | hoch[c] | gering |
| UV Transmission | hoch | hoch | hoch | hoch | hoch | hoch | hoch | keine[c] |
| ab $\lambda$ [nm] | > 220[c] | > 360[a,c] | > 340[a,c,e] | > 360[a,c,f] | > 300[a,c] | > 300[a,c] | > 280[c] | |
| NIR Transmission | – | – | – | mittel[f] | – | – | gut | gut |
| Beständigkeit $H_2O$ | gut[h] | gut[a] | gut[a,g,h] | gut[a] | gut[a] | gut[a] | gut[d] | gut[b] |
| Beständigkeit KW | | gering[a] | gering[a,g,h] | gut[a] | gering[a] | gering[a] | gut[d] | gut[b] |
| Beständigkeit hKW | gering[h] | gering[a] | gering[a,g,h] | gering[a] | gering[a] | gering [a] | gut[d] | gut[b] |
| Therm. Leitfähigkeit bei ca. 20 °C [W $m^{-1}K^{-1}$] | 0,15 - 0,17[h] | – | 0,17 - 0,19[e,g] | 0,19 - 0,22[h] | 0,11 - 0,13[h] | – | 1,38[d] | 143[j] |

**Tab. A.2:** Übersicht der µFACS und ihrer Kennzahlen.

| Autor | | Kategorie | Titel | Partikelgeschwindigkeit [mm/s] | Analytvolumenstrom [µl/min] | Sortierrate [1/s] |
|---|---|---|---|---|---|---|
| Fu et al. | [46] | Elektrokinetisch | A microfabricated fluorescence-activated cell sorter | | 0,08 | 10 |
| Krüger et al. | [23] | Hydrodynamisch | Development of a microfluidic device for a fluorescence activated cell sorting | 14 | 3,6 | 3,3 |
| Oakey et al. | [33] | Optokinetisch | Laminar-flow-based separations at the microscale | | 0,001 | 0,1 |
| Fu et al. | [24] | Pneumatisch | An integrated microfabricated cell sorter | 14 | 0 | 0,06 |
| Terray et al. | [35] | Optokinetisch | Fabrication of linear colloidal structures for microfluidic applications | | 0,002 | 0,2 |
| Wolff et al. | [18] | Hydrodynamisch | Integrating advanced functionality in a microfabricated high-throughput fluorescent-activated cell sorter | | 0,11 | 0,3 |
| Huh et al. | [15] | Elektrobenetzung | Reversible switching of high-speed air-liquid two-phase flows using electrowetting-assisted flow-pattern change | 500 | 333 | 250 |
| Dittrich et al. | [42] | Elektrokinetisch | Integrated microfluidic system for reaction, high-sensitivity detection and sorting of fluorescent cells and particles | 1,65 | 0,042 | 1 |
| Fu et al. | [47] | Elektrokinetisch | Electrokinetically driven micro flow cytometers with integrated fiber optics for on-line cell/particle detection | 0,45 | 0,09 | |
| Johann et al. | [44] | Elektrokinetisch | A simple mechanism for reliable particle sorting in a microdevice with combined electroosmotic and pressure-driven flow | 0,6 | 0,007 | 1 |
| Kunst et al. | [45] | Elektrokinetisch | Design of a confocal microfluidic particle sorter using fluorescent photon burst detection | 0,4 | 0,024 | 1 |

wird fortgesetzt

**Tab. A.3:** Fortsetzung:Übersicht der µFACS und ihrer Kennzahlen.

Fortsetzung

| Autor | | Kategorie | Titel | Partikelgeschwindigkeit [mm/s] | Analytvolumenstrom [µl/min] | Sortierrate [1/s] |
|---|---|---|---|---|---|---|
| Studer et al. | [25] | Pneumatisch | A microfluidic mammalian cell sorter based on fluorescence detection | 5 | 0,75 | 1 |
| Yao et al. | [43] | Elektrokinetisch | A microfluidic device based on gravity and electric force driving for flow cytometry and fluorescence activated cell sorting | 0,55 | 0,001 | 1,7 |
| Lee et al. | [48] | Dielektrophoretisch | Micromachine-based multichannel flow cytometers for cell / particle counting and sorting | 1,5 | 0,5 | 100 |
| Wang et al. | [11] | Optokinetisch | Microfluidic sorting of mammalian cells optical force switching | 25 | 0,384 | 25 |
| Perroud et al. | [34] | Optokinetisch | Microfluidic-based cell sorting of *Francisella tularensis* infected macrophages using optical forces | 6 | 0,33 | 22 |
| Baret et al. | [50] | Droplets Dielektrophoretisch | Fluorescence-activated droplet sorting (FADS): efficient microfluidic cell sorting based on enzymatic activity | 300 | 2 | 2000 |
| Franke et al. | [30] | Akustisch | Surface acoustic wave actuated cell sorting | 190 | 0,04 | 2000 |
| Agresti et al. | [51] | Droplets Dielektrophoretisch | Ultrahigh-throughput screening in drop-based microfluidics for directed evolution | 239 | 0,76 | 2000 |
| Sugino et al. | [41] | Opto-kalorisch | Integration in a multilayer microfluidic chip of 8 parallel cell sorters with flow control by sol-gel transition of thermoreversible gelation polymer | 9 | 1,68 | 17 |
| Ozaki et al. | [90] | Opto-kalorisch | Microfluidic cell sorter with flow switching triggered by a sol–gel transition of a thermo-reversible gelation polymer | 18 | | 1 |
| Kim et al. | [91] | Elektrokinetisch | Microfluidic device to separate micro-beads with various fluorescence intensities | 2,5 | 0,05 | 120 |

wird fortgesetzt

**Tab. A.4:** Fortsetzung:Übersicht der µFACS und ihrer Kennzahlen.

Fortsetzung

| Autor | | Kategorie | Titel | Partikelgeschwindigkeit [mm/s] | Analytvolumenstrom [µl/min] | Sortierrate [1/s] |
|---|---|---|---|---|---|---|
| Wang et al. | [37] | Optokinetisch | Enhanced cell sorting and manipulation with combined optical tweezer and microfluidic chip technologies | 0,067 | 0,006 | 5 |
| Chen et al. | [26] | Hydrodynamisch | Specific sorting of single bacterial cells with microfabricated fluorescence-activated cell sorting and tyramide signal amplification fluorescence in situ hybridization | 50 | 5 | 5,36 |
| Hoefemann et al. | [52] | Elektrokalorisch | Sorting and lysis of single cells by Bubblejet technology | 0,5 | 0,03 | 200 |
| Bragheri et al. | [92] | Optokinetisch | Optofluidic integrated cell sorter fabricated by femtosecond lasers | 0,6 | 0,18 | 1,66 |
| Wu et al. | [38] | Opto-kalorisch | Pulsed laser triggered high speed microfluidic fluorescence activated cell sorter | 800 | 20 | 40 |
| Chen et al. | [17] | Opto-kalorisch | 3D pulsed laser-triggered high-speed microfluidic fluorescence-activated cell sorter | 1500 | 33 | 10000 |
| Chen et al. | [39] | Opto-kalorisch | Pulsed laser activated cell sorting with three dimensional sheathless inertial focusing | 2000 | 400 | 10000 |
| Meineke et al. | [56] | Optisch | A microfluidic opto-caloric switch for sorting of particles by using 3D-hydrodynamic focusing based on SLE fabrication capabilities. | 14 | 6 | 200 |
| Cheng et al. | [27] | mechanisch | Microfluidic fluorescence-activated cell sorting chip with integrated piezoelectric actuators for low-cost mammalian cell enrichment | 500 | 17 | 1250 |
| Zhu et al. | [93] | Optokalorisch | Pulsed laser activated cell sorting with dielectrophoretic single stream sheathless focusing | 44 | 17 | 1500 |
| de Wijs et al | [94] | Elektrokalorisch | Micro vapor bubble jet flow for safe and high-rate fluorescence-activated cell sorting | 600 | 10 | 1500 |
| Zhao et al. | [53] | Elektrokalorisch | Spark-generated microbubble cell sorter for microfluidic flow cytometry | 5000 | 60 | 200 |

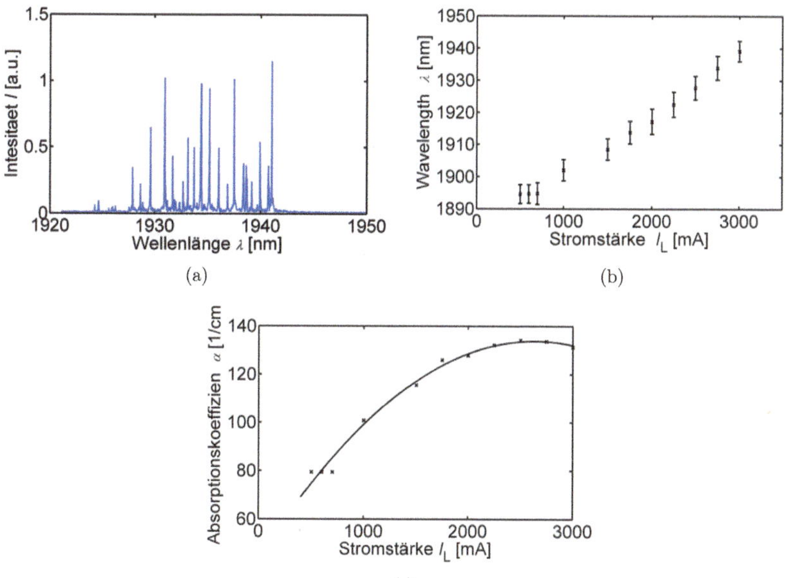


**Abb. A.2:** Charakterisierende Messungen an der NIR-Laserstrahlquelle. In a) ist das Emissionspektrum der NIR-Laserstrahlquelle bei einem Diodenstrom von 2,75 A dargestellt, in b) die Wellenlängenverschiebung in Abhängigkeit des Diodenstroms, die Fehlerbalken geben die Breite des Spektrums an und in c) der resultierende Absorptionskoeffizient.

# Abbildungsverzeichnis

# Abkürzungsverzeichnis

| | |
|---|---|
| **AOD** | akustooptischer Deflektor |
| **COC** | Cyclo-Olefin-Copolymere, Handelsname: Topas® |
| **COP** | Cyclo-Olefin-Polymere, Handelsname: Zeonor®, Zeonex® |
| **CTC** | zirkulierende Tumorzellen, engl. *circulating tumor cells* |
| **DLD** | Bestimmtes laterales Verschieben, engl. *deterministic lateral displacement* |
| **EMCCD** | Elektronen verstärkendes ladungs-gekoppeltes Bauteil. engl. *electron multiplying charge-coupled device* |
| **EPC** | Endotheliale Vorläuferzellen, engl. *endothelial progenitor cells* |
| **FACS** | Fluoreszenz-aktivierter Zellsortierer, engl. *fluorescence-activated cell sorter* |
| **FFA** | Faserferrulenaufnahme |
| **GRIN** | Gradientenindex Linsen |
| **hKW** | halogenierte Kohlenwasserstoffe |
| **KW** | Kohlenwasserstoffe |
| **NIR** | nah-infraroter Spektralbereich |
| **PDMS** | Polydimethylsiloxan |
| **PMMA** | Polymethylmethacrylate, Handelsname: Plexiglas® |
| **PTFE** | Polytetrafluorethylen, Handelsname Teflon |
| **PC** | Polycarbonate |
| **PS** | Polystyren |
| **SLE** | Selektives Laser-induziertes Ätzen |
| **µFACS** | mikrofluidischer Fluoreszenz-aktivierter Zellsortierer, engl. *microfluidic fluorescence activated cell sorter* |
| **µTAS** | mikrofluidisches umfängliches Analysesystem, engl. *microfluidic total analysis system* |
| **VIS** | sichtbarer Spektralbereich, engl. *visual spectrum* |

# Symbolverzeichnis

| Symbol | Beschreibung | Einheit |
|---|---|---|
| $\alpha$ | Absorptionskoeffizient im Lambert-Beer-Gesetz | [1/m] |
| $\gamma$ | Anteil des zweiten Exponentialsummanden an der Auslenkung | [1] |
| $\lambda$ | Rohrreibungszahl, ist eine von der Reynoldszahl *Re* abhängige Kenngröße, um den Druckabfall entlang eines bestimmten Rohrabschnitts zu berechnen. | [1] |
| $\lambda$ | Wärmeleitfähigkeit | [W/(m·K)] |
| $\eta$ | dynamische Viskosität oder auch Zähigkeit eines Fluid | [Pa·s] |
| $\Omega_A$ | Rand der Fläche $A$ | [m] |
| $\rho$ | Dichte des Fluids | [kg/m$^3$] |
| $\rho_{\mathrm{Par}}$ | Dichte eines Partikels | [kg/m$^3$] |
| $\tau_{\mathrm{Vis}}$ | Zeitskala für das Abbremsen eines Poiseuille-Flusses durch Reibungskräfte | [s] |
| $\tau_{\mathrm{aus}}$ | Ausschaltzeit | [s] |
| $\tau_{\mathrm{diss}}$ | Dissipationszeit, Zeitdauer in welcher die kinetische Energie eines Partikels durch Stokesche Reibung aufgenommen werden würde, unter der Annahme gleichbleibender Geschwindigkeit. | [s] |
| $\tau_{\mathrm{ein,63\%}}$ | Zeitspanne zwischen Einschalten des Lasers und dem ersten gemessenen Auslenkungswert oberhalb 63% der maximalen Auslenkung $A_{\mathrm{50ms}}$ | [s] |
| $\tau_{\mathrm{ein}}$ | Einschaltzeit | [s] |
| $\tau_{\mathrm{heiz}}$ | Zeitdauer, nach der eine bestimmte Temperaturerhöhung $\Delta T$ im nicht wärmeleitenden Chip bei einem Volumenstrom $Q$ erreicht wird. | [s] |
| $\tau_{\mathrm{max}}$ | maximale Dauer eines Sortiervorgangs | [s] |

| | | |
|---|---|---|
| $\tau_{\mathrm{th}}$ | thermische Relaxationszeit | [s] |
| $\zeta$ | Dehnungsviskosität | [Pa·s] |
| $I_0$ | Bestrahlungsstärke am Ort $z = 0$ | [J/(m²·s)] |
| $A'_{\mathrm{a}}(t_{\mathrm{i}})$ | $y$-Position des Analytstroms zum Zeitpunkt $t_{\mathrm{i}}$ | [m] |
| $A_V$ | Fläche, welche das Volumen $V$ begrenzt | [m²] |
| $A_{50\mathrm{ms}}$ | maximale Auslenkung des Analytstroms innerhalb der ersten 50 ms nach dem Einschalten des Lasers | [m] |
| $A_{\mathrm{P}}$ | Mittlere Partikel-Auslenkung bzw. Partikel-Amplitude beim Sortiervorgang | [m] |
| $A_{\mathrm{S}}$ | Schaltamplitude, die Auslenkung des Analytstroms beim Schaltvorgang | [m] |
| $A_{\mathrm{a}}(t_{\mathrm{i}})$ | Amplitude der Analytstrom-Auslenkung zum Zeitpunkt $t_{\mathrm{i}}$ | [m] |
| $\bar{A}'_{\mathrm{a}}(t_{\mathrm{aus}})$ | gemittelte $y$-Position des Analytstroms zum Zeitpunkt $t_{\mathrm{aus}}$ | [m] |
| $a$ | Radius eines mikrofluidischen Kanals | [m] |
| $a_{\mathrm{Q}}$ | spezifische Schaltamplitude, welche auf den Hüllvolumenstrom $Q_{\mathrm{H}}$ bezogen ist | [m·s/m³] |
| $a_{\mathrm{S}}$ | spezifische Schaltamplitude, welche auf die Heizleistung $P_{\mathrm{heiz}}$ bezogen ist | [m/W] |
| A,B | Klassifikation von Partikeln. B bezeichnet die abzutrennenden Partikel | |
| $C$ | spezifische Wärmekapazität | [J/(kg·K)] |
| $C_{\mathrm{AB}}$ | Sortiersicherheit, Maß für die Wahrscheinlichkeit, dass der Sortierprozess die Klassen A und B richtig sortiert | [1] |
| $C_{\mathrm{ABid}}$ | Sortiersicherheit, Maß für die Wahrscheinlichkeit, dass der Sortierprozess die Klassen A und B richtig sortiert, unter Annahme eines idealen kritischen Werts | [1] |
| $c_{\mathrm{P}}$ | Partikelkonzentration im Analyt | [1/m³] |
| $C_{\mathrm{X}}$ | individuelle Sortierrichtigkeit, Maß für die Wahrscheinlichkeit, dass der Sortierprozess eine Klasse X richtig sortiert | [1] |
| $\Delta z$ | durchstrahlte Fluidstrecke | [m] |
| $e_{\mathrm{V}}$ | spezifische Heizenergie, Energie, welche beim Heizen in ein Volumen von 1 µl eingebracht wird | [J] |

| | | |
|---|---|---|
| $F_{\mathrm{Stokes}}$ | Kraft, welche auf einen kugelförmigen kleinen Körper in einer viskosen Flüssigkeit wirkt und durch die Stokes'sche Reibung beschrieben wird. | [N] |
| $h$ | Wärmeübergangszahl | [W/(m$^2$·K)] |
| $L_0$ | Charakteristische Länge, kürzeste Länge, welche die Strömung eines Systems beeinflusst | [m] |
| $l$ | Längenskala eines Systems zur Betrachtung von Skalierungsregeln | [m] |
| m | Verdünnung | [1] |
| M$^2$ | Beugungsmaßzahl | [1] |
| $m$ | Masse | [kg] |
| $\bar{n}$ | mittlere Anzahl an Partikeln innerhalb einer Zeitspanne $\tau$ | [1] |
| $P_\alpha$ | Wahrscheinlichkeit dafür, dass mehr als ein Partikel in einem Schaltvolumen auftreten | [1] |
| $p_{\mathrm{fl}}$ | Impuls des Fluids | [kg·m/s] |
| $P_{\mathrm{heiz}}$ | in Wärme umgewandelte Leistung | [J/s] |
| $P_\lambda(k)$ | Poisson-Verteilung zum Erwartungswert $\lambda$ und zur natürlichen Zahl $k$ | [1] |
| $Q$ | Volumenstrom | [m$^3$/s] |
| $Q_{\mathrm{I},x_0}$ | Hüllvolumenstrom im Zweig I an der Stelle $x_0$ | [m$^3$/s] |
| $Q_{\mathrm{A}}$ | der Analytvolumenstrom ist die Volumenrate des Analytstroms | [m$^3$/s] |
| $Q_{\mathrm{A,max}}$ | maximale schaltbare Volumenrate des Analytstroms bzw. maximale Analytrate | [m$^3$/s] |
| $\Delta Q_{\mathrm{S}}$ | durch das Schalten erzeugbare Volumenstromdifferenz, Differenz der Volumenstromraten des Hüllvolumenstroms zwischen geschaltetem und nicht-geschaltetem Zustand | [m$^3$/s] |
| $Q_{\mathrm{gen}}$ | durch thermische Expansion beim Heizen zusätzlich entstandener Volumenstrom | [m$^3$/s] |
| $Q_{\mathrm{ges}}$ | den Schalter durchfließender Gesamt-Volumenstrom, bestehend aus $Q_{\mathrm{A}}$ und $Q_{\mathrm{H}}$ | [m$^3$/s] |
| $Q_{\mathrm{H}}$ | Hüllvolumenstrom, die Volumenrate des Hüllstroms $Q_{\mathrm{H}} = Q_{\mathrm{I},x_0} + Q_{\mathrm{II},x_0}$ | [m$^3$/s] |
| $Q_{\mathrm{heiz}}$ | Der Teil des Hüllvolumenstroms, welcher durch optischen Energieeintrag erwärmt wird. | [m$^3$/s] |

| | | |
|---|---|---|
| $R_N$ | Nebenwiderstand eines Schaltzweiges der Mikrofluidik, hervorgerufen durch die nicht erwärmten Bereiche des Schaltzweiges, siehe Formel (3.3.11) | [Pa·s/m$^3$] |
| $R_{hyd}$ | hydrodynamischer Widerstand | [Pa·s/m$^3$] |
| $\bar{R}$ | mittlere Rate, mit welcher z.B. Partikel eine Stelle der Mikrofluidik passieren | [1/s] |
| $Re$ | Reynoldszahl | [1] |
| $R^2$ | Bestimmtheitsmaß angepasster Funktionen | [1] |
| $s$ | Standardabweichung | [1] |
| $T_{WB}$ | Temperatur eines Wärmebads | [K] |
| $\Delta T$ | Temperaturerhöhung in einer Heizstelle | [K] |
| $\Delta \bar{T}$ | mittlere Temperaturerhöhung in einer Heizstelle | [K] |
| $\Delta t_L$ | Pulslänge des NIR-Lasers zum Heizen einer Engstelle beim opto-kalorischen Schalten | [s] |
| $\tilde{t}_i$ | auf eine Schaltperiode zurückgeführter Zeitpunkt einer Schaltamplitudenmessung | [s] |
| $t_i$ | Zeitpunkt einer Schaltamplitudenmessung | [s] |
| $T_A$ | Gesamtdauer einer Analyse | [s] |
| $T$ | Temperatur | [K] |
| $T_g$ | Glasübergangstemperatur für Feststoffe | [K] |
| $T_t$ | Transmissionstemperatur für Gläser | [K] |
| $V_0$ | charakteristische Stömungsgeschwindigkeit innerhalb eines fluidischen Systems | [m/s] |
| $V_H$ | Volumen innerhalb der Heizstelle | [m$^3$] |
| $V_{P,abk}$ | durch Zusammenziehen beim Abkühlen verlorenes Fluidvolumen | [m$^3$] |
| $V_{P,heiz}$ | durch thermische Expansion beim Heizen zusätzlich entstandenes Fluidvolumen | [m$^3$] |
| $V_{II}$ | Volumen eines Fluides in dem Leitungsabschnitt II | [m$^3$] |
| $\boldsymbol{v}(\boldsymbol{r})$ | Geschwindigkeitsfeld eines Fluides | [m/s] |
| $v$ | durchschnittliche Strömungsgeschwindigkeit, bezogen auf einen Leitungsquerschnitt | [m/s] |
| $v_p$ | spezifisches Volumen | [m$^3$/kg] |

| | | |
|---|---|---|
| $V_P$ | Volumen einer zu analysierenden oder zu sortierenden Probe | [$m^3$] |
| $W$ | in ein Fluid als Wärme eingebrachte Energie | [J] |

# Literatur- und Quellenverzeichnis


[1] Ron Sender, Shai Fuchs, and Ron Milo. Revised estimates for the number of human and bacteria cells in the body. *PLoS biology*, 14(8):e1002533, 2016. doi: 10.1371/journal.pbio.1002533.

[2] Frank Brunkhorst and Roland Schmitz. Leitliniengerechte Blutkulturdiagnostik bei Sepsis. *intensiv*, 21(05):261–263, 2013. ISSN 0942-6035. doi: 10.1055/s-0033-1355147.

[3] Jamil El-Ali, Peter K. Sorger, and Klavs F. Jensen. Cells on chips. *Nature*, 442 (7101):403–411, 2006. ISSN 0028-0836. doi: 10.1038/nature05063.

[4] D. Sobek, A. M. Young, M. L. Gray, and S. D. Senturia. A microfabricated flow chamber for optical measurements in fluids. In D. Sobek, A. M. Young, M. L. Gray, and S. D. Senturia, editors, *Proceedings*, An Investigation of Micro Structures, Sensors, Actuators, Machines and Systems, pages 219–224. IEEE, 1993. doi: 10.1109/MEMSYS.1993.296919.

[5] Clarivate Analytics. Web of Science Suchergebnis "microfluidic", "cell" und "sorting" in Titel, Zusammenfassung und Schlüsselwörtern, Oktober 2019. URL `http://apps.webofknowledge.com/`. 19.10.2019.

[6] Julien Picot, Coralie L. Guerin, Le Van Kim, Caroline, and Chantal M. Boulanger. Flow cytometry: retrospective, fundamentals and recent instrumentation. *Cytotechnology*, 64(2):109–130, 2012. ISSN 0920-9069. doi: 10.1007/s10616-011-9415-0.

[7] Xiaoyuan Hu, Paul H. Bessette, Jiangrong Qian, Carl D. Meinhart, Patrick S. Daugherty, and Hyongsok T. Soh. Marker-specific sorting of rare cells using dielectrophoresis. *Proceedings of the National Academy of Sciences of the United States of America*, 102(44):15757–15761, 2005. ISSN 1091-6490. doi: 10.1073/pnas.0507719102.

[8] Howard M. Shapiro. *Practical Flow Cytometry*. Wiley-Liss, s.l, 4 edition, 2005. ISBN 9780471411253. URL `http://ebooks.ciando.com/book/index.cfm/bok_id/486191`.

[9] J. Roy and Lucille A. Carver. Sample Preparation for Analysis, 2019. URL `https://medicine.uiowa.edu/flowcytometry/protocolssample-prep/sample-preparation-analysis`. 06.07.2019.

[10] D. Huh, W. Gu, Y. Kamotani, J. B. Grotberg, and S. Takayama. Microfluidics for flow cytometric analysis of cells and particles. *PHYSIOLOGICAL MEASUREMENT*, 26: R73–R98, 2005. doi: 10.1088/0967-3334/26/3/R02.

[11] Mark M. Wang, Eugene Tu, Daniel E. Raymond, Joon Mo Yang, Haichuan Zhang, Norbert Hagen, Bob Dees, Elinore M. Mercer, Anita H. Forster, Ilona Kariv, Philippe J. Marchand, and William F. Butler. Microfluidic sorting of mammalian cells by optical force switching. *Nature Biotechnology*, 23(1):83–87, 2005. ISSN 1087-0156. doi: 10.1038/nbt1050.

[12] Sung Hwan Cho, Jessica M. Godin, Chun-Hao Chen, Wen Qiao, Hosuk Lee, and Yu-hwa Lo. Review Article: Recent advancements in optofluidic flow cytometer. *Biomicrofluidics*, 4(4):043001, 2010. ISSN 19321058. doi: 10.1063/1.3511706.

[13] Daniel A. Ateya, Jeffrey S. Erickson, Peter B. Howell, Lisa R. Hilliard, Joel P. Golden, and Frances S. Ligler. The good, the bad, and the tiny: a review of microflow cytometry. *Analytical and Bioanalytical Chemistry*, 391(5):1485–1498, 2008. ISSN 1618-2642. doi: 10.1007/s00216-007-1827-5.

[14] Dongeun Huh, Yi-Chung Tung, Hsien-Hung Wei, James B. Grotberg, Steven J. Skerlos, Katsuo Kurabayashi, and Shuichi Takayama. Use of air-liquid two-phase flow in hydrophobic microfluidic channels for disposable flow cytometers. *Biomedical Microdevices*, 4(2):141–149, 2002. ISSN 1387-2176. doi: 10.1023/A:1014691416614.

[15] Dongeun Huh, Alan H. Tkaczyk, Joong Hwan Bahng, Yu Chang, Hsien-Hung Wei, James B. Grotberg, Chang-Jin Kim, Katsuo Kurabayashi, and Shuichi Takayama. Reversible switching of high-speed air-liquid two-phase flows using electrowetting-assisted flow-pattern change. *Journal of the American Chemical Society*, 125(48): 14678–14679, 2003. ISSN 0002-7863. doi: 10.1021/ja037350g.

[16] Ryo MIYAKE, Hiroshi OHKI, Isao YAMAZAKI, and Takeo TAKAGI. Investigation of sheath flow chambers for flow cytometers (micro machined flow chamber with low pressure loss). *JSME International Journal Series B*, 40(1):106–113, 1997. ISSN 1340-8054. doi: 10.1299/jsmeb.40.106.

[17] Yue Chen, Ting-Hsiang Wu, Yu-Chun Kung, Michael A. Teitell, and Pei-Yu Chiou. 3D pulsed laser-triggered high-speed microfluidic fluorescence-activated cell sorter. *The Analyst*, 138(24):7308–7315, 2013. ISSN 0003-2654. doi: 10.1039/c3an01266b.

[18] A. Wolff, I. R. Perch-Nielsen, U. D. Larsen, P. Friis, G. Goranovic, C. R. Poulsen, J. P. Kutter, and P. Telleman. Integrating advanced functionality in a microfabricated high-throughput fluorescent-activated cell sorter. *Lab on a Chip*, 3(1):22, 2003. ISSN 1473-0197. doi: 10.1039/b209333b.

[19] S. Chung, S. J. Park, J. K. Kim, C. Chung, D. C. Han, and J. K. Chang. Plastic microchip flow cytometer based on 2- and 3-dimensional hydrodynamic flow focusing. *Microsystem Technologies*, 9(8):525–533, 2003. ISSN 0946-7076. doi: 10.1007/s00542-003-0302-2.

[20] Claire Simonnet and Alex Groisman. High-throughput and high-resolution flow cytometry in molded microfluidic devices. *ANALYTICAL CHEMISTRY*, 78(16):5653–5663, 2006. doi: 10.1021/ac060340o.

[21] Jessica Godin, Chun-Hao Chen, Sung Hwan Cho, Wen Qiao, Frank Tsai, and Yu-hwa Lo. Microfluidics and photonics for Bio-System-on-a-Chip: A review of advancements

in technology towards a microfluidic flow cytometry chip. *JOURNAL OF BIOPHOTONICS*, 1(5):355–376, 2008. doi: 10.1002/jbio.200810018.

[22] Wyatt Shields IV, C., Catherine D. Reyes, and Gabriel P. López. Microfluidic cell sorting: a review of the advances in the separation of cells from debulking to rare cell isolation. *Lab Chip*, 15(5):1230–1249, 2015. ISSN 1473-0197. doi: 10.1039/c4lc01246a.

[23] J. Krüger, K. Singh, A. O'Neill, C. Jackson, A. Morrison, and P. O'Brien. Development of a microfluidic device for a fluorescence activated cell sorting. *Journal of Micromechanics and Microengeneering*, 2002(12):486–494, 2002.

[24] Anne Y. Fu, Hou-Pu Chou, Charles Spence, Frances H. Arnold, and Stephen R. Quake. An integrated microfabricated cell sorter. *ANALYTICAL CHEMISTRY*, 74 (11):2451–2457, 2002. doi: 10.1021/ac0255330.

[25] V. STUDER. A microfluidic mammalian cell sorter based on fluorescence detection. *Microelectronic Engineering*, 73-74:852–857, 2004. ISSN 01679317. doi: 10.1016/j.mee.2004.03.064.

[26] Chun H. Chen, Sung H. Cho, Hsin-I Chiang, Frank Tsai, Kun Zhang, and Yu-hwa Lo. Specific sorting of single bacterial cells with microfabricated fluorescence-activated cell sorting and tyramide signal amplification fluorescence in situ hybridization. *ANALYTICAL CHEMISTRY*, 83:7269–7275, 2011. doi: 10.1021/ac2013465.

[27] Zhen Cheng, Xudong Wu, Jing Cheng, and Peng Liu. Microfluidic fluorescence-activated cell sorting (µFACS) chip with integrated piezoelectric actuators for low-cost mammalian cell enrichment. *Microfluidics and Nanofluidics*, 21(1):2739, 2017. ISSN 1613-4982. doi: 10.1007/s10404-017-1847-1.

[28] Carl Eckart. Vortices and Streams Caused by Sound Waves. *Physical Review*, 73(1): 68–76, 1948. ISSN 0031-899X. doi: 10.1103/PhysRev.73.68.

[29] WESLEY MARS Le NYBORG. Acoustic Streaming. In *Properties of Polymers and Nonlinear Acoustics*, volume 2 of *Physical Acoustics*, pages 265–331. Elsevier, 1965. ISBN 9780123956620. doi: 10.1016/B978-0-12-395662-0.50015-1.

[30] T. Franke, S. Braunmüller, L. Schmid, A. Wixforth, and D. A. Weitz. Surface acoustic wave actuated cell sorting (SAWACS). *Lab on a Chip*, 10(6):789–794, 2010. ISSN 1473-0197. doi: 10.1039/b915522h.

[31] A. Ashkin, J. M. Dziedzic, and T. Yamane. Optical trapping and manipulation of single cells using infrared laser beams. *Nature*, 330(6150):769–771, 1987. ISSN 0028-0836. doi: 10.1038/330769a0.

[32] Athanassios Kaliudis. Göttlich: Wie der Laser Leben schafft, 2017. URL `https://www.trumpf.com/de_INT/magazin/goettlich-wie-der-laser-leben-schafft/`. 14.07.2020.

[33] J. Oakey, J. Allely, and D.W.M Marr. Laminar-Flow-Based Separations at the Microscale. *Biotechnology Progress*, 18(6):1439–1442, 2002. ISSN 8756-7938. doi: 10.1021/bp0256216.

[34] Thomas D. Perroud, Julia N. Kaiser, Jay C. Sy, Todd W. Lane, Catherine S. Branda, Anup K. Singh, and Kamlesh D. Patel. Microfluidic-based cell sorting of *Francisella tularensis* infected macrophages using optical forces. *ANALYTICAL CHEMISTRY*, 80(16):6365–6372, 2008. doi: 10.1021/ac8007779.

[35] A. Terray, J. Oakey, and D. W. M. Marr. Fabrication of linear colloidal structures for microfluidic applications. *Applied Physics Letters*, 81(9):1555–1557, 2002. ISSN 0003-6951. doi: 10.1063/1.1503176.

[36] M. P. MacDonald, G. C. Spalding, and K. Dholakia. Microfluidic sorting in an optical lattice. *Nature*, 426(6965):421–424, 2003. ISSN 0028-0836. doi: 10.1038/nature02144.

[37] Xiaolin Wang, Shuxun Chen, Marco Kong, Zuankai Wang, Kevin D. Costa, Ronald A. Li, and Dong Sun. Enhanced cell sorting and manipulation with combined optical tweezer and microfluidic chip technologies. *Lab on a Chip*, 11(21):3656–3662, 2011. ISSN 1473-0197. doi: 10.1039/c1lc20653b.

[38] Ting-Hsiang Wu, Yue Chen, Sung-Yong Park, Jason Hong, Tara Teslaa, Jiang F. Zhong, Dino Di Carlo, Michael A. Teitell, and Pei-Yu Chiou. Pulsed laser triggered high speed microfluidic fluorescence activated cell sorter. *Lab on a Chip*, 12(7):1378–1383, 2012. ISSN 1473-0197. doi: 10.1039/c2lc21084c.

[39] Yue Chen, Aram J. Chung, Ting-Hsiang Wu, Michael A. Teitell, Dino Di Carlo, and Pei-Yu Chiou. Pulsed laser activated cell sorting with three dimensional sheathless inertial focusing. *Small*, 10(9):1746–1751, 2014. ISSN 16136810. doi: 10.1002/smll.201302885.

[40] Yaokun Zhang, Jessica Burgner, Jörg Raczkowsky, and Heinz Wörn. *Dependence of ablation depth on angle of incidence for hard tissue ablation using pulsed CO2 laser.* SPIE, 2011. doi: 10.1117/12.889725.

[41] Hirokazu Sugino, Takahiro Arakawa, Yuki Nara, Yoshitaka Shirasaki, Kazuto Ozaki, Shuichi Shoji, and Takashi Funatsu. Integration in a multilayer microfluidic chip of 8 parallel cell sorters with flow control by sol-gel transition of thermoreversible gelation polymer. *Lab on a Chip*, 10(19):2559–2565, 2010. ISSN 1473-0197. doi: 10.1039/c004192k.

[42] Petra S. Dittrich and Petra Schwille. An integrated microfluidic system for reaction, high-sensitivity detection, and sorting of fluorescent cells and particles. *ANALYTICAL CHEMISTRY*, 75(21):5767–5774, 2003. doi: 10.1021/ac034568c.

[43] Bo Yao, Guo-an Luo, Xue Feng, Wei Wang, Ling-xin Chen, and Yi-ming Wang. A microfluidic device based on gravity and electric force driving for flow cytometry and fluorescence activated cell sorting. *Lab on a Chip*, 4(6):603–607, 2004. ISSN 1473-0197. doi: 10.1039/b408422e.

[44] Robert Johann and Philippe Renaud. A simple mechanism for reliable particle sorting in a microdevice with combined electroosmotic and pressure-driven flow. *ELECTROPHORESIS*, 25(21-22):3720–3729, 2004. ISSN 0173-0835. doi: 10.1002/elps.200406104.

[45] Beno H. Kunst, Arjen Schots, and Antonie J. W. G. Visser. Design of a confocal microfluidic particle sorter using fluorescent photon burst detection. *Review of Scientific Instruments*, 75(9):2892, 2004. ISSN 00346748. doi: 10.1063/1.1781366.

[46] A. Y. Fu, C. Spence, A. Scherer, F. H. Arnold, and S. R. Quake. A microfabricated fluorescence-activated cell sorter. *Nature Biotechnology*, 17(11):1109–1111, 1999. ISSN 1087-0156. doi: 10.1038/15095.

[47] Lung-Ming Fu, Ruey-Jen Yang, Che-Hsin Lin, Yu-Jen Pan, and Gwo-Bin Lee. Electrokinetically driven micro flow cytometers with integrated fiber optics for online cell/particle detection. *Analytica Chimica Acta*, 507(1):163–169, 2004. ISSN 00032670. doi: 10.1016/j.aca.2003.10.028.

[48] Gwo-Bin Lee, Che-Hsin Lin, and Shen-Chie Chang. Micromachine-based multichannel flow cytometers for cell/particle counting and sorting. *Journal of Micromechanics and Microengineering*, 15(3):447–454, 2005. ISSN 0960-1317. doi: 10.1088/0960-1317/15/3/004.

[49] Toru Takahashi, Sachiko Ogata, Matsuhiko Nishizawa, and Tomokazu Matsue. A valveless switch for microparticle sorting with laminar flow streams and electrophoresis perpendicular to the direction of fluid stream. *Electrochemistry Communications*, 5 (2):175–177, 2003. ISSN 13882481. doi: 10.1016/S1388-2481(03)00002-X.

[50] Jean-Christophe Baret, Oliver J. Miller, Valerie Taly, Michaël Ryckelynck, Abdeslam El-Harrak, Lucas Frenz, Christian Rick, Michael L. Samuels, J. Brian Hutchison, Jeremy J. Agresti, Darren R. Link, David A. Weitz, and Andrew D. Griffiths. Fluorescence-activated droplet sorting (FADS): efficient microfluidic cell sorting based on enzymatic activity. *Lab on a Chip*, 9(13):1850, 2009. ISSN 1473-0197. doi: 10.1039/B902504A.

[51] J. J. Agresti, E. Antipov, A. R. Abate, K. Ahn, A. C. Rowat, J.-C Baret, M. Marquez, A. M. Klibanov, A. D. Griffiths, and D. A. Weitz. Ultrahigh-throughput screening in drop-based microfluidics for directed evolution. *Proceedings of the National Academy of Sciences*, 107(9):4004–4009, 2010. ISSN 0027-8424. doi: 10.1073/pnas.0910781107.

[52] Henning Hoefemann, Simon Wadle, Natalia Bakhtina, Vitaliy Kondrashov, Nicolai Wangler, and Roland Zengerle. Sorting and lysis of single cells by BubbleJet technology. *Sensors and Actuators B: Chemical*, 168:442–445, 2012. ISSN 09254005. doi: 10.1016/j.snb.2012.04.005.

[53] Jingjing Zhao and Zheng You. Spark-generated microbubble cell sorter for microfluidic flow cytometry. *Cytometry. Part A : the journal of the International Society for Analytical Cytology*, 2018. ISSN 1552-4930. doi: 10.1002/cyto.a.23296.

[54] Torsten Schulz, Siegfried Poser, Eugen Ermantraut, John McCaskill, Harald Mathis, and Johann Michael Köhler. Miniaturized electrocaloric flow controller for analyte multiplexing and cell/particle sorting. In D. Jed Harrison and Albert Berg, editors, *Micro Total Analysis Systems '98*, pages 303–306. Springer Netherlands, Dordrecht, 1998. ISBN 978-94-010-6225-1. doi: 10.1007/978-94-011-5286-0{\textunderscore}71.

[55] Johann Michael Köhler and Torsten Schulz. Fluidstromschalter, 2000. DE19847952.

[56] G. Meineke, M. Hermans, J. Klos, A. Lenenbach, and R. Noll. A microfluidic opto-caloric switch for sorting of particles by using 3D-hydrodynamic focusing based on SLE fabrication capabilities. *Lab on a Chip*, 16(5):820–828, 2016. ISSN 1473-0197. doi: 10.1039/c5lc01478f.

[57] Achim Lenenbach, Reinhard Noll, Georg Meineke, and Harald Mathis. Verfahren und Vorrichtung zum Sortieren von Mikropartikeln in einem Fluidstrom, 2016. Patent WO2016075172A1.

[58] Cytonome. GigaSort Product Sheet, 2015. URL `https://www.cytonome.com/products/gigasort/`. 19.07.2018.

[59] Miltenyi. MACSQuant Tyto: Microchip-based cell sorting in a fully closed cartridge system, 2018. URL `https://www.miltenyibiotec.com/DE-en/products/macs-flow-cytometry/flow-sorter/macsquant-tyto/macsquant-r-tyto-r.html`. 21.12.2018.

[60] Partec. Partec CyFlow ML, Informationsbrochure, 2015. URL `http://www.sysmex-partec.com/instrumentation/flow-cytometry/particle-and-cell-sorting.html`. 14.10.2015.

[61] Sebastian Böhm, John R. Gilbert, and Manish Deshpande. Method and apparatus for sorting particles, 2007. Patent US7157274B2.

[62] Yu-hwa Lo, Jose Morachis, Will Alaynick, Kendall Chuang, and Nam Kim. Fluidic flow cytometry devices and methods, 2012. Patent US20130083315A1.

[63] Henrik Bruus. *Theoretical microfluidics*, volume 18 of *Oxford master series in physics Condensed matter physics*. Oxford Univ. Press, Oxford, reprinted with corr. edition, 2011. ISBN 978-0-19-923509-4.

[64] Peter Kurzweil, Bernhard Frenzel, and Florian Gebhard. *Physik Formelsammlung: Für Ingenieure und Naturwissenschaftler*. Studium Technik. Friedr. Vieweg & Sohn Verlag | GWV Fachverlage GmbH Wiesbaden, Wiesbaden, 2008. ISBN 978-3-8348-9449-6. doi: 10.1007/978-3-8348-9449-6. URL `http://dx.doi.org/10.1007/978-3-8348-9449-6`.

[65] M. Craig Miller, Gerald V. Doyle, and Leon W. M. M. Terstappen. Significance of circulating tumor cells detected by the CellSearch system in patients with metastatic breast, colorectal and prostate cancer. *Journal of oncology*, 2010:617421, 2010. doi: 10.1155/2010/617421.

[66] Francesca I. Fabbri-Arrigoni, Lindsey Clarke, Guosu Wang, Marietta Charakida, Elizabeth Ellins, Neil Halliday, Paul A. Brogan, John E. Deanfield, Julian P. Halcox, and Nigel Klein. Levels of circulating endothelial cells and colony-forming units are influenced by age and dyslipidemia. *Pediatric research*, 72(3):299–304, 2012. doi: 10.1038/pr.2012.76.

[67] Hans Büning-Pfaue. Analysis of water in food by near infrared spectroscopy. *Food Chemistry*, 82(1):107–115, 2003. ISSN 03088146. doi: 10.1016/S0308-8146(02)00583-6.

[68] Han-Kwang Nienhuys, Sander Woutersen, Rutger A. van Santen, and Huib J. Bakker. Mechanism for vibrational relaxation in water investigated by femtosecond infrared spectroscopy. *The Journal of Chemical Physics*, 111(4):1494, 1999. ISSN 00219606. doi: 10.1063/1.479408.

[69] Linhong Kou, Daniel Labrie, and Petr Chylek. Refractive indices of water and ice in the 0.65- to 2.5-µm spectral range. *Applied Optics*, 32(19):3531, 1993. ISSN 0003-6935. doi: 10.1364/AO.32.003531.

[70] David R. ed Lide. *CRC Handbook of Chemistry and Physics: Internetversion <http://www.hbcpnetbase.com>*. CRC Press, FL, 2005.

[71] E. da C.N. Andrade. XLI. A theory of the viscosity of liquids.—Part I. *The London, Edinburgh, and Dublin Philosophical Magazine and Journal of Science*, 17(112):497–511, 1934. ISSN 1941-5982. doi: 10.1080/14786443409462409.

[72] C. V. RAMAN. A Theory of the Viscosity of Liquids. *Nature*, 111(2790):532–533, 1923. ISSN 0028-0836. doi: 10.1038/111532b0.

[73] Robert C Weast. *CRC Handbook of Chemistry and Physics*. CRC Press, 69 edition, 1988.

[74] Martin Hermans, Jens Gottmann, and Frank Riedel. Selective, Laser-Induced Etching of Fused Silica at High Scan-Speeds Using KOH. *Journal of Laser Micro/Nanoengineering*, 9(2):126–131, 2014. ISSN 18800688. doi: 10.2961/jlmn.2014.02.0009.

[75] A. Vogel, J. Noack, G. Hüttman, and G. Paltauf. Mechanisms of femtosecond laser nanosurgery of cells and tissues. *Applied Physics B*, 81(8):1015–1047, 2005. ISSN 0946-2171. doi: 10.1007/s00340-005-2036-6.

[76] Martin Hermans, Jens Gottmann, and Anna Schiffer. In-situ diagnostics on fs-laser induced modification of glasses for selective etching. In Friedrich G. Bachmann, Wilhelm Pfleging, Kunihiko Washio, Jun Amako, Willem Hoving, and Yongfeng Lu, editors, *SPIE Proc Ser*, volume 8244 of *SPIE Proceedings*, page 82440E. SPIE, 2012. doi: 10.1117/12.912765.

[77] Martin Werner. *Ablation of hard biological tissue and osteotomy with pulsed CO2 lasers*. Dissertation, Heinrich-Heine-Universität Düsseldorf, Düsseldorf, 2006.

[78] Lotien Richard Huang, Edward C. Cox, Robert H. Austin, and James C. Sturm. Continuous particle separation through deterministic lateral displacement. *Science (New York, N.Y.)*, 304(5673):987–990, 2004. doi: 10.1126/science.1094567.

[79] Keith J. Morton, Kevin Loutherback, David W. Inglis, Ophelia K. Tsui, James C. Sturm, Stephen Y. Chou, and Robert H. Austin. Crossing microfluidic streamlines to lyse, label and wash cells. *Lab on a chip*, 8(9):1448–1453, 2008. ISSN 1473-0189. doi: 10.1039/b805614e.

[80] Andreas Lenshof and Thomas Laurell. Continuous separation of cells and particles in microfluidic systems. *Chemical Society reviews*, 39(3):1203–1217, 2010. ISSN 1460-4744. doi: 10.1039/B915999C.

[81] ChipShop. *Lab-on-a-Chip Catalogue 01/2018*, volume 01 of *01/2018*. microfluidic ChipShop, 2018.

[82] David R. Lide. *CRC Handbook of Chemistry and Physics*. CRC Press, 84 edition, 2003.

[83] Pamela N. Nge, Chad I. Rogers, and Adam T. Woolley. Advances in microfluidic materials, functions, integration, and applications. *Chemical reviews*, 113(4):2550–2583, 2013. doi: 10.1021/cr300337x.

[84] Heraeus. Properties of fused silica, 2017. URL `https://www.heraeus.com/en/hca/fused_silica_quartz_knowledge_base_1/properties_1/properties_hca.html`. 04.01.2017.

[85] Evonik Performance Materials. Plexiglas GS: Technische Information 222-6, Juli 2015, 2015. URL `https://www.plexiglas.de/product/plexiglas/downloads/222-6-plexiglas-gs-uv-durchlaessig-de.pdf`. 21.12.2018.

[86] SABIC Holding Europe BV. Spezialfilme und -platten, 2017. URL `https://sfs.sabic.eu/wp-content/uploads/resource_pdf/1345453621-90738727-1_SABIC-SFS-692-DE_Solid-Sheet-Brochure-German.pdf`. 21.12.2018.

[87] GoodFellow. Material Information Polymethylmethacrylate (PMMA, Acrylic), 2017. URL `http://www.goodfellow.com/E/Polymethylmethacrylate.html`. 21.12.2018.

[88] James E Mark. *Polymer Data Handbook*. Oxford University Press, 1999. ISBN 9780195181012.

[89] H. Shanks, P. Maycock, P. Sidles, and G. Danielson. Thermal Conductivity of Silicon from 300 to 1400°K. *Physical Review*, 130(5):1743–1748, 1963. ISSN 0031-899X. doi: 10.1103/PhysRev.130.1743.

[90] Kazuto Ozaki, Hirokazu Sugino, Yoshitaka Shirasaki, Tokihiko Aoki, Takahiro Arakawa, Takashi Funatsu, and Shuichi Shoji. Microfluidic cell sorter with flow switching triggered by a sol–gel transition of a thermo-reversible gelation polymer. *Sensors and Actuators B: Chemical*, 150(1):449–455, 2010. ISSN 09254005. doi: 10.1016/j.snb.2010.07.024.

[91] Hyung Joon Kim, Hui-Sung Moon, Bong Seop Kwak, and Hyo-Il Jung. Microfluidic device to separate micro-beads with various fluorescence intensities. *Sensors and Actuators B: Chemical*, 160(1):1536–1543, 2011. ISSN 09254005. doi: 10.1016/j.snb.2011.08.013.

[92] F. Bragheri, P. Minzioni, R. Martinez Vazquez, N. Bellini, P. Paiè, C. Mondello, R. Ramponi, I. Cristiani, and R. Osellame. Optofluidic integrated cell sorter fabricated by femtosecond lasers. *Lab on a Chip*, 12(19):3779, 2012. ISSN 1473-0197. doi: 10.1039/C2LC40705A.

[93] X. Zhu, Y.-C. Kung, T.-H. Wu, M.A. Teitell, and P.-Y. Chiou. *Pulsed laser activated cell sorter with dielectrophoretic single stream sheathless focusing: The 30th IEEE International Conference on Micro Electro Mechanical Systems : Las Vegas, Nevada, USA : January 22-26 2017*. IEEE, Piscataway, NJ, 2017. doi: 10.1109/MEMSYS.2017.7863646.

[94] Koen de Wijs, Chengxun Liu, Alexandra Dusa, Dries Vercruysse, Bivragh Majeed, Deniz Sabuncuoglu Tezcan, Kamil Blaszkiewicz, Josine Loo, and Liesbet Lagae. Micro vapor bubble jet flow for safe and high-rate fluorescence-activated cell sorting. *Lab on a chip*, 17(7):1287–1296, 2017. ISSN 1473-0189. doi: 10.1039/c6lc01560c.

**Danksagung**

Ich danke Herrn Prof. Dr. rer. nat. Peter Loosen für das Ermöglichen und Betreuen meiner Arbeit. Herrn Prof. Dr. rer. nat. habil. Johann Michael Köhler danke ich für die Tätigkeit als Zweitgutachter und Herrn apl. Prof. Dr. rer. nat. Reinhard Noll für das intensive Korrekturlesen meines Manuskripts.

Mein Dank gilt meinem Gruppenleiter am Fraunhofer Institut für Lasertechnik Dr. rer. nat. Achim Lenenbach, der mir mit seiner Kreativität und seinem Einsatz diese Arbeit durch die Akquise begleitender spannender Projekte ermöglichte, und meinem Kollegen Stefan Seiwert, Msc. Martinus de Kanter und meinen Kollegen aus der E-Werkstatt, ohne welchen die technische Umsetzung nicht gelungen wäre.

Ich danke all meinen Kollegen für die freundschaftliche und anregende Atmosphäre. Insbesondere meine "Promotionskollegen": Stefan Hölters, Cristian Tulea, Sven Connemann, Markus Brunk, Michael Scharun, Jochen Vieker, welche mit vielen Diskussionen ihren Teil zum Gelingen meiner Promotion beigetragen haben.

Mein besonderer Dank gilt meinen Eltern, die mir das Studium ermöglichten und meine Pläne stets unterstützt haben, und meinen Brüdern, die mich in der Promotion immer bestärkt und motiviert haben. Mein größter Dank gilt meiner Freundin Corina, die voller Verständnis mich in allen Phasen der Promotion unterstützt und begleitet hat.

In der Reihe **Ergebnisse aus der Lasertechnik** zuletzt erschienen:

Ünal-Saewe, Talu:

**Ortsaufgelöste Prozessüberwachung für die Additive Fertigung mittels laserbasierter Directed Energy Deposition**

ISBN: 978-3-98555-113-2

Helm, Johanna:

**Prozessstabilität und Prozesseffizienz beim Laserstrahlfügen von hoch reflektiven Kupferwerkstoffen**

ISBN: 978-3-98555-112-5
Erscheinungsdatum: 10.10.2022

Meineke, Georg:

**Opto-kalorisches Schalten zur Sortierung fluoreszenzmarkierter Partikel in Mikrofluidiken**

ISBN: 978-3-98555-109-5
Erscheinungsdatum: 10.10.2022

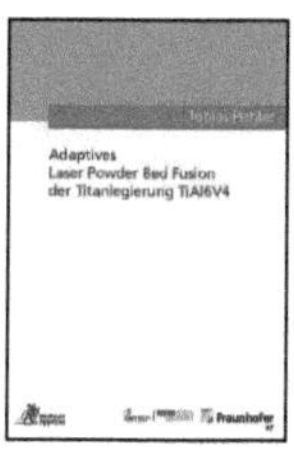

Pichler, Tobias:

**Adaptives Laser Powder Bed Fusion der Titanlegierung TiAl6V4**

ISBN: 978-3-98555-096-8
Erscheinungsdatum: 17.08.2022

Tenbrock, Christian:

**Large-Format Machine for Multi-Scanner Laser Powder Bed Fusion**

ISBN: 978-3-98555-091-3
Erscheinungsdatum: 27.07.2022

Saewe, Jasmin:

**Untersuchungen der Verarbeitbarkeit des Schnellarbeitsstahls HS6-5-3-8 mittels Laser Powder Bed Fusion**

ISBN: 978-3-98555-097-5
Erscheinungsdatum: 27.07.2022

Adams, Martin:

**Modellierung der katastrophalen optischen Degradation von Hochleistungslaserdioden unter externer optischer Rückkopplung**

ISBN: 978-3-98555-068-5
Erscheinungsdatum: 22.04.2022

Gayer, Christoph:

**Selektives Lasersintern von Polylactid-basierten Kompositwerkstoffen**

ISBN: 978-3-98555-037-1
Erscheinungsdatum: 26.01.2022

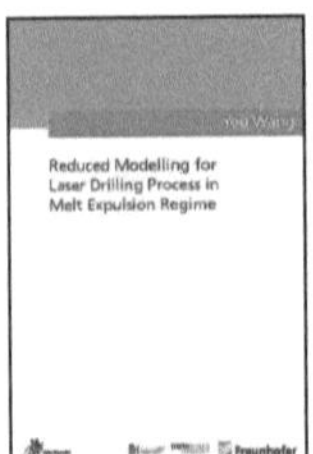

Wang, You:

**Reduced Modelling for Laser Drilling Process in Melt Expulsion Regime**

ISBN: 978-3-98555-013-5
Erscheinungsdatum: 15.11.2021

Edition Wissenschaft
Apprimus

FSC
www.fsc.org
MIX
Papier | Fördert gute Waldnutzung
FSC® C083411

Zeitfracht Medien GmbH
Ferdinand-Jühlke-Straße 7
99095 Erfurt, Deutschland
produktsicherheit@kolibri360.de